Norbert Fuchs

Mineralstoffe
Salze des Lebens

VERLAG DES ÖSTERREICHISCHEN KNEIPPBUNDES

Norbert Fuchs

Mineralstoffe

Salze des Lebens

ISBN 3-900696-35-7

Autor: Norbert Fuchs, 5571 Mariapfarr 138. — Titelbild: Aquarell von Reinhard Sampel. — Layout, Fotosatz, technische Bearbeitung: Verlag des Österreichischen Kneippbundes Ges. m. b. H., 8700 Leoben. — Druck: Obersteirische Druckerei, 8700 Leoben.

2. Auflage

Leoben, Juli 1995

VORWORT

»Die Lebensmittelindustrie macht uns krank, die Pharmaindustrie wieder gesund – und beide Branchen leben recht gut davon«, formulierte ein österreichischer Schriftsteller sein Mißbehagen in einem Hörfunkinterview.

Nun, es geht hier nicht darum, in dogmatischer Weise Schuldzuweisungen zu verteilen, eines jedoch steht fest: die Spezialisierung in den einzelnen Wissensgebieten ist derart vorangeschritten, daß es dem einzelnen so gut wie nicht mehr möglich ist, die Auswirkungen unseres Fortschrittdenkens interdisziplinär, also aus einer Gesamtschau heraus zu betrachten oder gar zu beurteilen.

Zuviel Ozon auf der Erde, zu wenig in der Atmosphäre, Milch-, Gemüse- und Getreideüberschüsse in den Industriestaaten, Hungertod in der dritten Welt, gigantische Fortschritte in der pharmazeutischen Forschung, kaum zu bändigende Kosten auf dem Gesundheitssektor bei gleichzeitigem Ansteigen der Zivilisationserkrankungen, Atomkraft ja, Atomkraft nein, Gutachten folgen Gegengutachten, Zahlenanalytiker widerlegen ganzheitlich Denkende – und am Ende steht der verunsicherte »Laie«. Dabei sollten wir uns im klaren sein, daß in Spezialfragen jeder von uns Laie ist (so sieht zum Beispiel die gedankliche Welt des Molekularbiologen naturgemäß gänzlich anders aus als die des praktizierenden Arztes, obwohl sie beide Mediziner sind).

Dennoch, bei aller Offenheit gegenüber Andersdenkenden, scheint mir ein Festhalten an nachweislich die Umwelt schädigenden Technologien, an nachweislich den Menschen schädigenden Entwicklungen (insbesondere, wenn sie unsere Kinder und Kindeskinder schädigen) verantwortungslos, da in diesen Fällen Begründungen wie »ökonomisch, kostengünstig, arbeitsplatzsichernd« usw. in den Hintergrund treten. Aus diesem Unbehagen heraus ist dieses Buch entstanden.

Als gelernter Pharamazeut habe ich zehn Jahre lang in verschiedenen Apotheken gearbeitet und vornehmlich mit Medikamenten und Patienten zu tun gehabt. Seit etwa fünf Jahren sind vorallem Ernährungsfragen der Hauptteil meiner Arbeit. Aus dieser glücklichen

Fügung heraus ist es mir vielleicht eher möglich, eine Brücke von der Ernährung zur Gesundheit zu schlagen, ohne deshalb von der einen oder anderen Seite gleich des Vorwurfs der Einseitigkeit bezichtigt zu werden. Trotzdem freue ich mich über Kritik jeder Art.

Dieses Buch wurde geschrieben für alle an den Fragen der Gesundheit Interessierte, egal ob vorgebildet oder nicht. Ich hoffe nur, daß es nicht den einen zu seicht und den anderen zu verwachsen erscheint.

Ich danke Lilly Macheiner und Peter Kößler für die geduldige Mithilfe an der Erstellung dieses Buches. Frau Mag. Waltraud Ruth vom Kneipp-Verlag danke ich für die freie Gestaltungsmöglichkeit.

Für Julia, Helene und alle Kinder dieser Welt.

Norbert Fuchs

Mariapfarr, im September 1992

INHALT

Die einzelnen Mineralstoffe und Spurenelemente

8 Spurenelemente im Prüfstadium

Die giftigen Spurenelemte

Welche Mengen- und Spurenelemente sind in welchen Lebensmitteln enthalten?

EINLEITUNG

Leere Kohlenhydrate, zu viel Fett und Fleisch – unsere Hauptmahlzeit

In den Schulen und auf Universitäten wird uns gelehrt, unsere Nahrung nach Eiweiß, Fett, Kohlenhydraten, Vitaminen, Mineralstoffen und Spurenelementen usw. zu klassifizieren. Dies ist aus systematischen Überlegungen heraus sicherlich übersichtlich und sinnvoll, verleitet jedoch dazu, die quantitativen Merkmale unseres Nahrungsangebotes in den Vordergrund zu stellen und die Qualität zu vernachlässigen.

Denn es ist ja nicht so, daß wir Eiweiß, Fett oder Kohlenhydrate zu uns nehmen, sondern wir essen Weißbrot, Graubrot, Vollkornbrot, Spaghetti a la Carbonara, einen frischen Apfel, Erdbeermarmelade oder gemischten Salat aus Karotten, Mais, Gurken und Tomaten.

Allein diese willkürliche Aufzählung von Lebens- und Nahrungsmitteln zeigt uns, daß die Auswahl unseres Speisenplanes nicht so sehr nach einer theoretischen Gliederung getroffen wird, sondern meist durch unseren persönlichen Geschmack bestimmt ist: Aussehen, Geruch, Geschmack und die Temperatur unserer Nahrungsmittel tragen im entscheidenden Maße dazu bei, ob wir sie zu unseren Lieblingsgerichten zählen oder nicht.

So ist verständlich, daß sich, besonders während der letzten 100 Jahre, eine mächtige Lebensmittelindustrie entwickelt hat, die auf unsere individuellen Wünsche nicht nur eingeht, sondern diese auch gezielt manipuliert.

Um die so geschaffenen Verbrauchererwartungen auch erfüllen zu können, bedarf es eines gut organisierten, logistischen Systems vom Roh- bis zum Fertigprodukt. Getreide, Obst und Gemüse werden in Monokulturen und Treibhäusern gezogen.

Aufgrund des ökologischen Ungleichgewichtes bedingen diese Massenanbaumethoden jedoch gezielten Einsatz von Düngemitteln, Pflanzenschutzmitteln, Nitrat- und Mineralstoffdüngern. Nach der Ernte werden die Getreidekörner zur besseren Lagerfähigkeit und Haltbarkeit von den hochwertigen Schalen (enthalten Ballaststoffe sowie 90 Prozent aller lebenswichtigen Vitamine und Mineralstoffe) und Keimen (enthalten ungesättigte Fettsäuren sowie wertvolle fettlösliche Vitamine) befreit.

Natürliche Fette und Öle werden, ebenso zur besseren Haltbarmachung, einem Bearbeitungsprozeß unterworfen, diesmal allerdings nicht mechanisch, sondern chemisch: Die in diesen Ölen und Fetten enthaltenen ungesättigten Fettsäuren werden, um ein Ranzigwerden zu verhindern, in gesättigte Fettsäuren überführt. Dieser Vorgang wird lebensmitteltechnisch »Härten von Fetten« genannt. Solchermaßen vorbehandelte Grundnahrungsmittel werden anschließend zu Fertigprodukten wie Brot, Teig- und Backwaren, Pflanzenölen und Magarinen weiterverarbeitet und zu diesem Zwecke mit Farbstoffen, Geschmacksstoffen, Aromastoffen, Emulgatoren, Bleichmitteln, Konservierungsmitteln und vielem anderen mehr versetzt.

Ähnlich sieht die Situation in der Fleischproduktion aus. Zum Zwecke einer gesicherten Versorgung ist die Massentierhaltung nach Aussagen rein wirtschaftlich denkender Fachleute der einzig gangbare Weg, um eine mengenmäßige Versorgung sicherzustellen. Abgesehen von der Tatsache, daß man mit der Menge Getreide, welche man zur Aufzucht eines Kalbes benötigt, zehnmal mehr Menschen sättigen könnte als mit dem Fleisch eben dieses Kalbes, steht eines fest: Massenaufzucht ohne den regelmäßigen Gebrauch von Masthilfsmitteln (Anabolika und Hormone) und medikamentösem Schutz vor Infektionsseuchen (Antibiotika) ist nicht möglich. Diese Tierarzneimittel werden also zum Teil legal verabreicht, um Tiere und Konsumenten vor krankmachenden Infektionen zu schützen. Stichprobenartige Untersuchungen decken aber immer wieder auf, daß – ähnlich dem Doping beim Sport – zusätzlich illegal Medikamente verabreicht werden, um den Fleischertrag und damit Profite zu erhöhen.

Mit diesen (nur unvollständig geschilderten) Verarbeitungsschritten aus der Lebensmitteltechnologie sollte nicht ein Schreckensszenario gezeichnet werden, wir sollten uns jedoch vor Augen halten, daß Mehlerzeugnisse der genannten Art, raffinierte Fette und Öle sowie ein durchschnittlich eindeutig zu hoher Fleischkonsum mengenmäßig den überwiegenden Teil unserer täglichen Ernährung ausmachen.

Ernährungsbedingte und ernährungsabhängige Zivilisationserkrankungen

In Diskussionen um die allgemeine Gesundheitssituation in der westlichen Welt wird immer ins Treffen geführt, daß die durchschnittliche Lebenserwartung noch nie so hoch gewesen sei wie heute.

Dies ist zwar richtig, sollte uns jedoch nicht darüber hinwegtäuschen, daß die »statistisch« gestiegene Lebenserwartung vorallem auf verbesserte hygienische Bedingungen (geringere Seuchensterblichkeit), auf eine verbesserte medizinische Betreuung (weniger Infektionskrankheiten, geringere Säuglings-, Kinder- und Müttersterblichkeit) sowie auf humanere Arbeitsbedingungen zurückzuführen ist. Denn auch in früheren Jahren haben Menschen durchaus ein Lebensalter von 70, 80 oder 90 Jahren erreicht – vorausgesetzt, sie wurden nicht Opfer einer damals noch unheilbaren Krankheit.

Der moderne Mensch aus dem letzten Quartal unseres Jahrhunderts lebt im Durchschnitt zweifellos länger, stirbt dafür aber langsamer. Es geht hier nicht darum, die Vorteile der Jahrhundertwende gegenüber unserer heutigen Zeit zu propagieren oder umgekehrt, sondern wir sollten uns im klaren sein, daß eine Reihe sogenannter Zivilisationskrankheiten ernährungsbedingt oder zumindest ernährungsabhängig sind und durch Änderung der Nahrungsgewohnheiten vermeidbar wäre.

Nachgewiesenermaßen sind Übergewicht, chronische Stuhlbeschwerden, Bluthochdruck mit erhöhten Blutfett- und Triglyceridwerten, ein Großteil der Zuckerstoffwechselstörungen, Leber- und Gallenerkrankungen, Durchblutungsstörungen, Erkrankungen der Verdauungsorgane, Karies, rheumatische Erkrankungen, Gicht, verschiedene Hauterkrankungen, Allergien und Störungen der Immunabwehr ernährungsbedingt oder zumindest ernährungsabhängig.

Daß Körper und Seele, also ein ausreichendes Maß an körperlicher Betätigung und die psychische Harmonie mit sich selbst und seiner Umwelt, eine untrennbare Voraussetzung für unser Wohlbefinden sind, sollte hier erwähnt sein, ist aber nicht Inhalt dieses Buches.

Weg von der Energiedichte, hin zur Nährstoffdichte

Die erwähnten Methoden der Lebensmittelindustrie, über die Schritte der Massenzüchtung, Raffination, Verarbeitung und Distribution für einen geregelten Nachschub an Nahrungsmitteln zu sorgen, führen zwangsweise zu dem Ergebnis, daß wir täglich energiereiche, qualitativ jedoch meist minderwertige Nahrungsmittel auf den Tisch bekommen.

Das Schlagwort vom »Mangel im Überfluß« hat also durchaus seine Berechtigung. Um den Preis einer besseren Bekömmlichkeit und Verdaulichkeit haben solcherart raffinierte Sattmacher nur sehr geringe Sättigungseffekte: Mit der Folge, daß 30 bis 50 Prozent unserer Bevölkerung übergewichtig sind, 97 Prozent der Bevölkerung weisen Zahnschäden und Degenerationen im Gebißapparat auf. Wir essen zu fett-, eiweiß- und energiereich (wir essen auch zu schnell!), sind also kalorisch überlastet.

Wir leiden aber zugleich an einem Mangel an jenen lebenswichtigen Nahrungsbestandteilen, welche täglich mit der Nahrung zugeführt werden sollten, um 50.000 verschiedene Stoffwechselreaktionen, die in unserem Körper ablaufen, zu steuern und zu kontrollieren: Wir brauchen täglich Vitamine, Mineralstoffe, Spurenelemente und essentielle Fettsäuren. Diese sind neben den essentiellen Aminosäuren jene Stoffwechselregulatoren, welche die Ernährungswissenschaft bis zum heutigen Tag als lebensnotwendig erkannt hat.

Halten wir uns jedoch die noch sehr junge Entdeckungsgeschichte einiger lebensnotwendiger Spurenelemente vor Augen (so wurde z. B. Selen erst 1973 als »essentiell«, also als lebensnotwendig, eingestuft), so können wir davon ausgehen, daß in den nächsten Jahren und Jahrzehnten noch einige weitere lebensnotwendige Nahrungsinhaltsstoffe entdeckt werden.

Die essentiellen Substanzen wurden bereits 1950 vom großen Ernährungswissenschaftler W. Kollath als »Auxone« bezeichnet. Kollath machte insbesondere die industrielle Lebensmittelver- und -bearbeitung für den Auxonverlust verantwortlich.

Essentielle, also lebensnotwendige Inhaltsstoffe, sind ein entscheidendes Qualitätsmerkmal unserer Nahrungs- und Lebensmittel.

Erst durch ihr Vorhandensein ist es unserem Organismus möglich, die angebotenen Nahrungsbestandteile in unseren Körper aufzunehmen und zu Bau- und Betriebsstoffen zu verarbeiten. Daher tritt aus heutiger Sicht die Bedeutung der Begriffe »Energiegehalt« (früher als Kaloriengehalt bezeichnet) und »Energiedichte« zurück im Vegleich zur sogenannten »Nährstoffdichte«.

Die Nährstoffdichte (angegeben in m[illegible] mg/kJ) zeigt den Gehalt an essentiellen Nahrungsbe[illegible]ältnis zum Energiegehalt der jeweiligen Nahru[illegible] so z.B. den Vitamin-B1-Gehalt von Vollw[illegible]g/1000 kcal) mit jenem von raffiniertem W[illegible]00 kcal) und mit jenem von raffiniertem Z[illegible]), so ist unschwer erkennbar, daß die Näh[illegible]er Qualitätsbegriff ist.

Wenn auch die Gefahr besteht, da[illegible] Nährstoffdichte wiederum nur in zahlenm[illegible]cht wird — ein Apfel ist eben immer noch me[illegible]r Vitamine, Aromastoffe, Minerale, Spurenelemente und Ballast[illegible]e — so tritt dennoch klar hervor, daß es unsinnig ist zu glauben, durch kaloriengerechte oder kalorienreduzierte Ernährung alleine, ohne Rücksicht auf die Qualität der konsumierten Kalorien, sei eine gesunde Ernährung gesichert.

Unsere Ernährungssituation in der Zukunft

Aus der historischen Betrachtung der Menschheitsgeschichte läßt sich ziemlich eindeutig feststellen, daß sich der Mensch seit jeher zum überwiegenden Teil pflanzlich ernährt hat: Anatomische Vergleiche mit Tieren (Mahlzähne, langer Darm) führen zu dem Schluß, daß Menschen weder reine Fleischesser noch reine Pflanzenesser sind, sondern eben Allesesser (einen zweifelhaften Beweis für diese Tatsache liefert uns offensichtlich auch unser heutiges Ernährungsverhalten).

Auch fehlt dem Menschen die Möglichkeit, wie allen Pflanzenessern, Vitamin C im eigenen Organismus zu synthetisieren.

Darüber hinaus fehlt uns — ein weiteres Merkmal von Pflanzenessern — die Fähigkeit, Harnsäure enzymatisch abzubauen.

Gehen wir von der Tatsache aus, daß der Mensch seit etwa einer Million Jahren existiert, so nehmen im Vergleich dazu die letzten 200 Jahre, also das Zeitalter der Industrialisierung, entwicklungsgeschichtlich nur einen sehr geringen Zeitraum ein.

In eben diesem kurzen Zeitraum hat jedoch, vor allem während der letzten vier Jahrzehnte, unser Nahrungsangebot einen gewaltigen Wandel durchgemacht: Anstelle von vorwiegend pflanzlicher, kohlenhydratreicher, unbearbeiteter und ballaststoffreicher Nahrung versorgen wir uns heute mit konzentrierter und proteinreicher, jedoch ballaststoffarmer Nahrung, wobei sich der tierische Anteil in der Ernährung drastisch erhöht hat.

Aus dieser langzeitlichen Sicht betrachtet sind die Folgen des geänderten Ernährungsverhaltens auf unsere Gesundheit sogar relativ deutlich ersichtlich: Es kann ja kein Zufall sein, daß die Zahl der an Allergien und Neurodermitis erkrankten Kinder von Jahr zu Jahr steigt, daß die Erkrankungen des Immunsystems immer häufiger werden und die Todesfälle an Herz-Kreislauf-Erkrankungen ständig zunehmen — trotz wachsender Ausgaben im Gesundheitshaushalt und besserer medizinischer Versorgung.

Es ist außerdem anzunehmen, daß wir, die wir ja sozusagen zu den ersten Generationen dieser Umstellung gehören, manche unserer »Zivilisationsleiden« auf dem Erbwege an unsere nächsten Generationen weitergeben werden.

Pharmaindustrie und Medizin versuchen gleichermaßen, durch High-Tech-Präparate und einen enormen apparativen Aufwand die Gesundheitssituation in den Griff zu bekommen.

Auf der anderen Seite sinnt die Lebensmittelindustrie darüber nach, wie sie durch noch effizientere Methoden in der Lage sein könnte, mit noch geringeren Mitteln noch mehr zu produzieren.

Bezeichnenderweise sehen beide Richtungen ihr Heil in der Gentechnologie, also in jener Mikrotechnik, die in ihrer Gefährlichkeit jener der Atomspaltung um nichts nachsteht.

Die Betrachtung dieser bedenklichen Entwicklungen erweckt manchmal den Eindruck, die beiden mächtigen Industriezweige würden hervorragend kooperieren, allerdings nicht nur zum Wohle der Menschheit.

MINERALSTOFFE UND SPURENELEMENTE — Schlüsselminerale unseres Stoffwechselgeschehens

Was sind Mineralstoffe und Spurenelemente?

Mineralstoffe und Spurenelemente sind Salze und Nicht-Salze, die unserem Körper täglich über die Nahrung zugeführt werden müssen. Ein Teil dieser Mineralstoffe und Spurenelemente gilt als essentiell, also lebensnotwendig.

Manche Spurenelemente, die heute noch nicht als essentiell gelten, werden vielleicht in den kommenden Jahren und Jahrzehnten als lebensnotwendig erkannt werden. Derzeit jedoch wissen wir noch zu wenig über deren Funktion im Stoffwechselgeschehen.

Woher kommen Mineralstoffe und Spurenelemente?

Grundsätzlich sind Mineralstoffe und Spurenelemente Bestandteile unserer Erdoberfläche. Durch die natürliche Nahrungskette gelangen sie, in Wasser gelöst, in die unter- und oberirdischen Teile von Pflanzen, Getreide, Obst und Gemüse, von dort durch die Nahrungsaufnahme auch in die Organismen von Tier und Mensch. Auch die Flüssigkeit, die wir täglich zu uns nehmen, enthält mehr oder weniger große Mengen an Mineralstoffen und Spurenelementen.

Was bewirken Mineralstoffe und Spurenelemente in unserem Organismus?

Diese lebenswichtigen Nahrungsbestandteile steuern, ähnlich den Vitaminen, sämtliche unserer 50.000 verschiedenen biochemischen Stoffwechselreaktionen, welche Sekunde für Sekunde in unseren 60 bis 100 Billionen Körperzellen vor sich gehen. Dabei sind sie Bestandteile oder Co-Faktoren von Enzymen, welche durch ihre Regulationsfunktionen das Ineinandergreifen der vielfältigen biochemischen Reaktionen überhaupt erst ermöglichen. Sie sind aber auch zum Teil Baustoff und Strukturbestandteil unserer Körperzellen.

Was sind Makro- und Mikroelemente?

Makroelemente (Mengenelemente) werden von der Ernährungswissenschaft als jene Nahrungsbestandteile bezeichnet, deren Körperbestand mehr als 0,01 Prozent des Körpergewichts (ca. 7 g für einen Erwachsenen) beträgt bzw. deren täglich zuzuführende Menge 100 mg überschreitet. Zu den Makroelementen gehören demnach Kohlenstoff, Stickstoff, Sauerstoff, Chlor, Phosphor, Natrium, Kalium, Calcium und Magnesium. Die Bezeichnung »Mineralstoffe« ist also ein Unterbegriff der Gruppe »Makroelemente« und steht somit für die mineralischen Makroelemente.

Unter **»Mikroelementen« (Spurenelementen)** versteht man sinngemäß jene Nahrungsbestandteile, deren Körperkonzentration unter 0,01 Prozent liegt und deren notwendige Aufnahmemenge aus der täglichen Nahrung kleiner als 100 mg ist. Zu den heute als lebensnotwendig bezeichneten Spurenelementen gehören Chrom, Eisen, Fluor, Jod, Kobalt, Kupfer, Mangan, Molybdän, Nickel, Selen, Silizium, Vanadium, Zink und Zinn. Wie aus den Makroelementen so sind auch aus den Mikroelementen in diesem Buch nur die mineralischen Spurenelemente beschrieben.

Um das Verständnis der Tagesbedarfszahlen von Mineralstoffen und Spurenelementen zu erleichtern, sei an dieser Stelle ein Vergleich einander entsprechender Gewichtssysteme angeführt:

1 Gramm (g) entspricht 1000 Milligramm (mg) entspricht 1 Million Mikrogramm (mcg). 1 mcg entspricht demnach einem Millionstel Gramm.

Wie steht es mit unserer täglichen Mineralstoff- und Spurenelement-Versorgung?

Wie bereits eingangs erwähnt, ist eine ausreichende Mineralstoff- und Spurenelement-Versorgung unter üblichen Ernährungsbedingungen nicht gewährleistet. Anders als bei Vitaminen, welche ja erst im pflanzlichen Organismus von der Pflanze synthetisiert werden, kann die Pflanze Mineralstoffe und Spurenelemente nicht selbst herstellen, sondern muß diese aus dem Boden aufnehmen. Verschiedene Umwelteinflüsse, wie saurer Regen, übermäßige Schadstoffbelastung, Pestizid-Behandlung und Kunstdüngung, führen zu

Ungleichgewichten im Mineralhaushalt der Böden, machen gewisse Minerale und Spurenelemente unlöslich und daher für die Pflanze nicht mehr verfügbar.

Großflächiger Anbau in Monokulturen und Treibhäusern bedingt zudem ein Auslaugen der Böden, so daß diese an Mineralstoffen und Spurenelementen verarmen.

Weiters bewirkt die Vorbehandlung unserer Lebensmittel und Rohstoffe, insbesondere die Raffination von Getreide und Zucker, massive Verluste an Mineralstoffen und Spurenelementen.

Verstärkt wird diese Situation noch durch unsere einseitigen Eßgewohnheiten mit Bevorzugung gerade jener raffinierten Lebensmittel sowie fett-, proteinreicher und ballaststoffarmer Nahrung.

Der zucker- und weißmehlüberwiegende Nahrungskonsum führt außerdem sehr häufig zu Schädigungen der Darmflora (welche wesentlichen Anteil an der Verwertbarkeit unserer Nahrung hat) und in der Folge zu mehr oder weniger starkem Pilzbefall unseres Dünndarmes.

Dadurch kommt es aufgrund gestörter Verdauungsfunktionen zu einer weiteren Beeinträchtigung der Aufnahme von Mineralstoffen und Spurenelementen aus unserer Nahrung.

Für wen sind Mineralstoffe und Spurenelemente besonders wichtig?

Prinzipiell für jeden von uns.

Da ein lückenloses Ineinandergreifen der biochemischen Stoffwechselreaktionen nur bei ausreichender Mineralstoff- und Spurenelementversorgung gewährleistet ist, sind Mineralstoffe und Spurenelemente eine prinzipielle Voraussetzung für die Gesundheit von uns allen.

Es gibt jedoch Lebensphasen, in denen der Bedarf an Mineralstoffen und Spurenelementen erhöht ist:

Jugendliche im Wachstumsalter, Schwangere, Stillende, Schwerarbeiter, Sportler, Streßgeplagte und vor allem ältere Personen haben erhöhten Bedarf an Mineralstoffen und Spurenelementen.

Was bewirkt ein Mangel oder Überschuß an Spurenelementen?

Ebenso vielfältig wie die Funktionen von Mineralstoffen und Spurenelementen sind, ebenso zahlreich sind demgemäß die Erkrankungen, die als Folge eines Mangels dieser lebenswichtigen Substanzen auftreten können: Erkrankungen des Herz-Kreislauf-Systems, Allergien, Hauterkrankungen, rheumatische Erkrankungen, Müdigkeit, Abgeschlagenheit, Konzentrationsschwäche, Wachstumsstörungen, Migräne, Osteoporose, Defekte des Immunsystems, Bluthochdruck, diabetische Erkrankungen, Nervenerkrankungen und Störungen in der Sexualfunktion können durch einen Mangel an Mineralstoffen und Spurenelementen verursacht oder mitverursacht werden.

Kann ich meinem Körper auch zuviel an Mineralstoffen und Spurenelementen zuführen?

Eine regelmäßige Zufuhr von Mineralstoffen und Spurenelementen in Mengen, wie sie von internationalen Ernährungsgesellschaften empfohlen werden, ist nicht nur ungefährlich, sondern sogar notwendig. Auch eine mehrmonatige Einnahme des 2- bis 3fachen Tagesbedarfes von Mineralstoffen und Spurenelementen ist nach heutigem Wissen unbedenklich, vorausgesetzt man leidet nicht an Erkrankungen, welche die Zufuhr des einen oder anderen Mineralstoffes nur unter ärztlicher Aufsicht sinnvoll erscheinen lassen. Mineralstoffe und Spurenelemente haben jedoch auch in ihrem Zusammenspiel einander verstärkende (synergistische) oder hemmende (antagonistische) Einflüsse. Die gezielte und konzentrierte, länger dauernde Zufuhr des einen Spurenelementes kann eine Ausschwemmung eines anderen bewirken oder umgekehrt. All diese Interaktionen treten nach heutigem Wissensstand jedoch nur dann auf, wenn gezielt mit (hochdosierten) Mineralstoff-Präparaten ohne ärztliche Kontrolle sozusagen Selbstmedikation betrieben wird und somit der Mineralstoffhaushalt ins Ungleichgewicht gerät. Zu solchen Ungleichgewichten kann es jedoch auch kommen, wenn jahrelang an einseitigen Eßgewohnheiten festgehalten wird. Auf diese Situation wird in den einzelnen Kapiteln über die Mineralstoffe und Spurenelemente genauer eingegangen.
Auch das Thema der giftigen Schwermetalle wird extra behandelt.

Wie erkenne ich einen Mangel an Mineralstoffen und Spurenelementen?

Sehr häufig kann bereits aus den jeweiligen Lebensumständen sowie Lebens- und Ernährungsgewohnheiten der betroffenen Personen in Abstimmung mit den entsprechenden Beschwerdebildern auf einen Mangel des einen oder anderen Spurenelementes mit ziemlicher Sicherheit und Genauigkeit geschlossen werden.

Vor allem hat der Arzt aber die Möglichkeit, durch eine Haar-Mineral-Analyse oder Vollblut-Mineral-Analyse exakte Daten über den Versorgungszustand seiner Patienten zu erhalten.

Von einigen Labors werden Haar-Mineral-Analysen den Patienten direkt angeboten. Der Sinn eines Direktservices dieser Art ist jedoch zweifelhaft, da die Interpretation von Haar-Mineral-Analysen äußerst kompliziert ist und außerdem grundsätzlich in Abstimmung mit der Krankenvorgeschichte des Patienten erfolgen sollte.

Aus diesem Grunde werden z.B. im österreichischen Institut für Mineralmedizin und Analytik (2384 Breitenfurt, Paul-Peters-Gasse 2, Tel. 02239/3171) Therapieempfehlungen auf Grundlage von Haar-Mineral-Analysen nur nach einem entsprechenden ärztlichen Anamnese-Gespräch abgegeben.

Wie decke ich meinen täglichen Mineralstoff- und Spurenelement-Bedarf?

Am Ende dieses Buches ist eine Reihe von Lebensmitteln angeführt, welche besonders reich an Mineralstoffen und Spurenelementen sind. Durch gezielte Auswahl der angeführten Lebensmittel im täglichen Speisenplan lassen sich geringe Mängel an Mineralstoffen und Spurenelementen auf natürliche Weise ausgleichen.

Stärkere Mangelerscheinungen kann man vorübergehend durch die Einnahme von Mineralstoff- und Spurenelement-Fertigpräparaten auszugleichen versuchen. Dabei sollte man jedoch beachten, daß die Inhaltsstoffe auch den Tagesbedarfsmengen entsprechend dosiert sind.

Sehr häufig werden auf dem Markt Präparate angeboten, in denen Spurenelemente dermaßen niedrig dosiert sind, daß ein bedarfsgerechter Ausgleich von Mängeln nicht gewährleistet ist.

Man sollte auch wissen, daß manche Herstellerfirmen auf den Packungen die Inhaltsmenge des jeweils angebotenen Mineralstoff- und Spurenelement*salzes* deklarieren, während andere wiederum die Inhaltsmenge des *reinen* Mineralstoffes oder Spurenelementes angeben. So entsprechen z. B. 44 mg Zinkorotat einem reinen Zinkgehalt von 7 mg. Häufig wähnt sich der ungenügend informierte Verbraucher dann im Glauben, seinem Körper 44 mg Zink zuzuführen (was für die Selbstmedikation zuviel wäre), obwohl das Präparat nur 7 mg Zink enthält. Man sollte daher beim Vergleich gleichartiger Mineralstoff-Präparate immer von der Inhaltsmenge des reinen Mineralstoffes ausgehen, um sicher zu sein, auch ausreichende Mengen an Mineralstoffen und Spurenelementen zuzuführen.
Ein weiteres unterscheidendes Qualitätsmerkmal diverser Fertigpräparate ist die Art der Inhaltsstoffe. So sind prinzipiell organische Salze (Orotate, Aspartate, Lactate, Tartrate, Citrate) anorganischen (Sulfate, Chloride, Phosphate) vorzuziehen, da sie einerseits besser verträglich sind, zum anderen unseren Körper vor zusätzlicher Säurebelastung schützen.
In diesem Zusammenhang sollte auch ein weitverbreiteter Irrtum aufgeklärt werden: Homöopathische Mineralsalze (wie sie auch z. B. Schüssler-Salze darstellen) sind bei unveränderten Ernährungsgewohnheiten in der Regel nicht in der Lage, Mineralstoff- und Spurenelement-Defizite auszugleichen. Homöopathische Salze dieser Art haben vielmehr die Aufgaben, aufgrund stoffwechselregulativer Effekte im Sinne einer milden Reiztherapie zu wirken. Homöopathische Mineralsalze regen also unseren Organismus durch milde Reize dazu an, verschiedene Stoffwechselanomalien wieder zu beheben. Sie können jedoch nicht dem Körper Mineralstoffe und Spurenelemente in mengenmäßig ausreichender Form zuführen.
Demgegenüber haben nicht-homöopathische Mineralstoff- und Spurenelement-Präparate die Aufgabe, entsprechende Mängel *mengenmäßig* auszugleichen. Dies heißt jedoch nicht, daß sich die kombinierte Anwendung von homöopathischen Arzneimitteln und nicht-homöopathischen Spurenelement-Präparaten widerspräche, sondern beide Anwendungsformen sind im Sinne einer einander ergänzenden, komplementären Hilfe bei bestimmten Beschwerden zu sehen: Häufig wird nämlich eine homöopathische Therapie erst nach Beseitigung entsprechender Mineralstoff- und Spurenelement-Mängel zum gewünschten Erfolg führen.

DIE EINZELNEN MINERALSTOFFE UND SPURENELEMENTE

NATRIUM
Verpönt, aber lebensnotwendig

»Kochsalzarme Ernährung«, »salzfreie Diät« und ähnliche Schlagworte assoziiert praktisch jeder von uns mit den Begriffen »Übergewicht« und »Bluthochdruck«. Die Aufklärungskampagnen in den Medien haben also durchaus Früchte getragen, sollte doch der von Ernährungsgesellschaften empfohlene tägliche maximale Kochsalz-Konsum von 5 g nicht überschritten werden. Natriumchlorid, also Kochsalz, und andere natriumhaltige Salze werden in der Lebensmittelindustrie häufig zur Konservierung von Nahrungsmitteln benutzt und auf diesem Wege über die Ernährung als »verstecktes Natrium« dem Körper zugefügt. So wundert sich manch einer über eine vom Arzt festgestellte Natrium-Überlastung, obwohl der Patient strikt darauf achtete, Suppe und andere Speisen nicht nachzusalzen.
Ähnlich wie durch die einseitige Cholesterin-Berichterstattung, führt jedoch auch die zum Teil übertriebene Kochsalz-Hysterie zur falschen Annahme, Natriumchlorid wäre prinzipiell für jeden schädlich und in jedem Falle strikte zu vermeiden. Welche lebenswichtigen Funktionen Natrium in unserem Organismus zu erfüllen hat, wollen wir uns im folgenden genauer ansehen.

Warum ist Natrium so wichtig?

Kochsalz bindet lebenswichtiges Wasser

Aufgrund seines enorm hohen Wasserbindungsvermögens besteht eine der Hauptaufgaben des Natriums im Körper darin, Wasser zu binden und dadurch den Wasserhaushalt konstant zu halten. Dies geschieht vor allem durch die im Blut und anderen Körperflüssigkeiten gelösten Natriumchlorid-Ionen, deren Körperbestand durch die Ausschüttung verschiedenster Körperhormone (Renin, Angiotensin, Aldosteron) reguliert wird. So wird unter normalen Bedingungen ein Überangebot an Natrium vermehrt über die Nieren (und Schweiß) ausgeschieden, im Falle eines generellen Natrium-Mangels enthält auch der Urin weniger Natrium.

Durch vielschichtige Regulationsabläufe – meist unter Mitwirkung von Natrium – wird der Wasserbestand unseres Organismus also konstant gehalten und ein optimaler Transport von lebenswichtigen Substanzen und Stoffwechselprodukten über Blut und Gewebsflüssigkeit bis zu den entferntesten Körperzellen möglich.

Bestimmte Natriumsalze entsäuern unseren Organismus

Auch ein ausgewogener Säure-Basen-Haushalt in Magen, Darm, in den einzelnen Organen (Leber, Gallenblase, Bauchspeicheldrüse, Verdauungsdrüsen des Dünndarms), in Lymphe und Blut, vor allem aber im Zwischenzell-Bereich (nach dem Mediziner Pischinger als »Grundsubstanz« bezeichnet) wird zum Teil über Art und Menge der Natrium-Zufuhr gesteuert.

Man muß sich vor Augen halten, daß unser Körper aus verschiedenen Organ- und Gewebesystemen besteht, welche miteinander ständig kommunizieren. Jedes dieser Systeme weist für sich einen optimalen pH-Wert (der pH-Wert ist ein Maß für den Säure- oder Basen-Gehalt eines Systems) auf. So hat z. B. das wässrige Milieu des Magens starke Säure-Werte (pH = 1 – 2), während im anschließenden Dünndarm alkalische (also »basische«) Bedingungen (pH = 7,5 – 9) auftreten. (Zur Erläuterung: pH 1 – 7 = sauer, pH 7 = neutral, pH 7 – 14 = alkalisch).

Dabei benötigt jedes der besprochenen Organe und Gewebe einen bestimmten optimalen pH-Wert, unter dem es seine Aufgaben auch optimal erfüllen kann. Insbesondere die »basophilen« Organe wie Leber, Gallenblase, Bauchspeicheldrüse und die Brunnerschen und Lieberkühnschen Verdauungsdrüsen reagieren mit eingeschränkter Leistungsfähigkeit bei Übersäuerung.

Nach zahlreichen Erfahrungsberichten bekannter Ärzte wie MR Dr. E. Rauch und Dr. M. Worlitschek leidet heute praktisch jeder von uns an (zumindest »versteckter«) Übersäuerung (latenter Azidose) durch den überwiegenden Konsum säurehaltiger und säurebildender Nahrungsmittel (Weißmehlprodukte, übermäßiger Genuß von Zucker, Süßigkeiten, Limonaden, Margarinen, Fleisch und eiweißhaltigen Lebensmitteln). Nun können die beschriebenen Organe das Säure-Überangebot aus der Nahrung zwar jahre- und jahrzehntelang durch sogenannte »Puffersysteme« neutralisieren, um ihren

optimalen Arbeits-pH-Wert aufrecht zu erhalten, dies allerdings nur auf Kosten des Zwischenzellbereiches (»Grundsubstanz« nach Pischinger), in welchem nicht ausscheidungsfähige Säureschlacken abgelagert werden. Nur bei ausgewogener, basenreicher Nahrungszufuhr könnten die deponierten Säuren neutralisiert und über Blut und Niere ausgeschieden werden.
Aufgrund der heute überwiegend säurebelasteten Nahrung werden jedoch die Säurespeicher des Zwischenzellbereiches überfüllt, der Stoffaustausch zwischen den einzelnen Zellen damit blockiert, die Pufferkapazität basophiler Organe und lebenswichtiger Körperzellen ist überfordert, der Organismus »übersäuert«. Ähnlich einem vollen Faß, das durch einen Tropfen zum Überlaufen gebracht wird, reichen nun Bagatellreize aus, um eine Krankheit entstehen zu lassen: Allergien, Neurodermitis, Psoriasis, Immunschwäche, Rheuma, Arthrose, Knochenerkrankungen und Krebs sind stets von Übersäuerung begleitet.

Eine langfristige und anhaltende Entsäuerung des Organismus durch grundlegende Ernährungsumstellung (bevorzugt basenbildende Kost wie viel Gemüse, etwas Obst, Vollkorngetreide, Milchprodukte, Kräutertees, stille Mineralwässer und Butter bei gleichzeitig geringem Konsum von »Säurebildnern« wie Fleisch, Weißmehl- und Zucker-Erzeugnissen) stellt eine der wirksamsten Grundlagen für lange Gesundheit dar. Auch der österreichische Ernährungsmediziner Prof. Dr. M. Kunze empfiehlt, die Beilagen wieder häufiger zum Hauptgericht zu machen, wie es noch bis vor Jahrzehnten üblich war.

Bezeichnend in diesem Zusammenhang ist, daß heute weitverbreitete Zivilisationserkrankungen, wie erhöhte Blutharnsäure, früher nur in den besseren Kreisen (»Fürstenmutter mit der Gicht«) zu finden waren. Wurde jedoch damals die Gicht vornehmlich auf zu reichlichen Genuß purinhaltiger Speisen (Innereien, Fleisch) zurückgeführt, wissen wir heute, daß erhöhte Harnsäure-Werte vor allem durch eine generelle Übersäuerung (und damit schlechte Löslichkeit der Harnsäure in den Blut- und Gewebesäften) verursacht wird. Die Empfehlungen des Kärntner Ganzheitsmediziners MR Dr. U. Böhmig, erhöhte Harnsäure durch kurmäßigen Gebrauch »basischer« Gemüsesäfte auszuschwemmen, konnte durch viele praktische Erfahrungen bestätigt werden.

Was hat nun das Mineral Natrium mit dem Säure-Basen-Haushalt zu tun? Wenn wir Natrium sagen, so denken viele von uns dabei ausschließlich an Kochsalz, welches chemisch als Natriumchlorid (NaCl) definiert ist. Es gibt jedoch eine Vielzahl anderer Natriumsalze, die dem Körper zwar Natrium, aber kein Chlorid zuführen.

Ein »basisches« Natriumsalz ist z. B. Natriumhydrogencarbonat (als »Bullrichsalz« in Apotheken erhältlich), welches eine Entsäuerungskur durch die Zufuhr »basischen Bicarbonats« erfolgreich unterstützt. Zu den Bedenken, übermäßige Natrium-Einnahmen erhöhen den Blutdruck, sei bemerkt, daß Natriumhydrogencarbonat im Vergleich zu Kochsalz nur 40 Prozent des blutdruckerhöhenden Effektes aufweist.

Was für die Einnahme von Natrium-Salzen gilt, steht sinngemäß auch für die Auswahl anderer Mineralstoff-Präparate, insbesondere für Calcium-, Kalium-, Magnesium-, Zink- und Eisen-Präparate: Prinzipiell ist die Einnahme organischer und damit basischer Salze (Orotate, Aspartate, Tartrate, Citrate, Hydrogencarbonate) den anorganischen und damit sauren Salzen (Chloride, Sulfate, Phosphate) vorzuziehen, da sie einerseits besser verträglich sind, zum anderen dem Körper »basische Valenzen« zuführen.

Natrium ist an vielen Stoffwechselvorgängen beteiligt

Auch die Erregbarkeit von Muskel- und Nervenzellen ist von einer ausreichenden Natrium-Versorgung abhängig. Näheres dazu ist in den Kapiteln über Kalium und Magnesium nachzulesen. Nicht zuletzt gilt der Mineralstoff Natrium als Aktivator verschiedener Enzyme und Enzym-Systeme.

Wie komme ich zu meinem täglichen Natrium?

Der tägliche Natrium-Bedarf wird von der Deutschen Gesellschaft für Ernährung DGE für Säuglinge und Kleinkinder bis zu einem Jahr mit 0,1 – 0,2 g, für Kinder von 1 – 14 Jahren mit 1 – 2 g und für Jugendliche und Erwachsene mit 2 – 3 g angegeben.

Unter normalen Bedingungen und bei normaler Ernährung ist aufgrund des weitverbreiteten Vorhandenseins von Natrium nicht mit Mangelerscheinungen zu rechnen. Im Gegenteil, mit 100 g Salz-

stangen, 100 g Roquefort-Käse, mit 150 g geräuchertem Schinken oder mit 200 g Salami wäre bereits der tägliche Natrium-Bedarf gedeckt.
Durch die einseitige Negativberichterstattung über Kochsalz und Natrium kommt es in letzter Zeit jedoch immer häufiger vor, daß sowohl Herz-Kreislauf-Patienten als auch Hochleistungssportler oder Schwerarbeiter aufgrund übertriebener Kochsalz-Disziplin unter besonderen Bedingungen in lebensbedrohliche Natrium-Mangel-Zustände gleiten können. Vor allem durch vermehrte Schweißbildung (bei körperlicher Anstrengung, unter extremen Temperaturbedingungen, während intensiver Bergtouren) werden große Mengen an Kochsalz abgeschwitzt, so daß diese Natrium-Verluste wieder entsprechend ausgeglichen werden müssen (Mineraldrinks, salzige Gemüsesuppen, Fruchtsäfte).

Wer benötigt besonders viel Natrium?

Die Frage müßte hier eher lauten: »Wer benötigt besonders wenig Natrium?«. Ist doch der durch überhöhte Kochsalz-Zufuhr ausgelöste Bluthochdruck weitaus stärker verbreitet als Natrium-Mangelerscheinungen.

Natrium geht auch durch den Schweiß verloren

Personen, die häufig schwitzen, Hobby- und Hochleistungssportler ebenso wie Schwerarbeiter benötigen im Vergleich zu Normalpersonen mehr Natrium.

Natrium hilft bei niedrigem Blutdruck

Interessant ist vielleicht der Hinweis an Personen mit chronisch niedrigem Blutdruck: Immer wieder ist festzustellen, daß Personen mit niedrigem Blutdruck sehr häufig auch ein geringes Körpergewicht aufweisen. Dies ist wahrscheinlich auf die bewußte Ernährungs- und Lebensweise dieser Menschen zurückzuführen, die sich erfahrungsgemäß mit Vorliebe salzarm ernähren. In diesen Fällen reicht oft der Rat, täglich eine salzige Bouillon einzunehmen bzw. bewußt nachzusalzen, um lästige Symptome des niedrigen Blutdrucks wie Müdigkeit, Abgeschlagenheit, Antriebslosigkeit und Lustlosigkeit zum Verschwinden zu bringen.

Was sind die ersten Anzeichen eines Natrium-Mangels?

Latente, also geringfügige Natrium-Mängel werden von den Betroffenen kaum bewußt wahrgenommen. Bei stärkeren Natrium-Defiziten treten allerdings gewisse Anzeichen, wie verminderte Antriebskraft, niedriger Blutdruck und Steigerung der Pulsfrequenz, stärker hervor. Anzeichen eines noch stärkeren Natrium-Defizites sind Übelkeit, Erbrechen, rasche Ermüdbarkeit und Krampfneigung der Muskulatur sowie fehlender Durst. Diese Mangelerscheinungen können durch Trinken einer salzigen Bouillon oder durch Verzehren von salzigen Heringen relativ rasch behoben werden.

Häufiger ist jedoch das Problem der Natrium-Überversorgung: Ödeme (»Wasser«) in Armen und Beinen und hoher Blutdruck sind häufig auf übermäßige Natrium-Zufuhr zurückzuführen. Starke Natrium-Gehalte in Blut und Gewebe führen zu Übererregbarkeit der Muskulatur, zu Unruhe, Schwindel und Erbrechen. In diesen Fällen läßt sich durch kochsalzarme Diät und durch gezielte Zufuhr von Kalium (getrocknete Bananen und Aprikosen) das überschüssige Natrium innerhalb weniger Tage und Wochen aus dem Körper ausschwemmen.

KALIUM
Anti-Streß-Mineral für Muskeln, Nerven und Darm

Wir kennen das Bild aus diversen Sportübertragungen: Der Fußballspieler erkämpft sich den Ball, versucht, an den Gegenspielern vorbeizukommen, stürzt und bleibt mit schmerzverzerrtem Gesicht liegen — Krämpfe in der Beinmuskulatur.

Ein anderes Beispiel aus der Apothekenpraxis: Die attraktive, leicht übergewichtige Sekretärin tätigt ihre Einkäufe in der Kosmetikecke und kauft quasi nebenbei eine 200-Stück-Packung Abführdragees. Auf das Anraten der Apothekerin, sie möge es doch einmal mit Leinsamen, Joghurt und Weizenkleie versuchen, erklärt die junge Dame, sie habe ja schon alles probiert, aber diese Abführpillen seien ihre einzige Hilfe, die Stuhlbeschwerden in den Griff zu bekommen.

Was der Fußballspieler und die junge Dame gemeinsam haben? Beide sind mit Kalium (und eventuell mit Magnesium) unterversorgt.

Der Unterschied: Der Sportler verliert Kalium über den Schweiß, die Verwenderin der Abführpillen scheidet Kalium im Übermaß über den Darm aus.

Warum ist Kalium so wichtig?

Kalium steuert Muskeln und Nerven

Der Mineralstoff Kalium gehört — ein erwachsener Körper enthält ca. 140 g — aufgrund des mengenmäßig relativ hohen Tagesbedarfes (laut DGE 2 — 4 g für einen Erwachsenen) zu den sogenannten Makroelementen. 98 Prozent des gesamten Körperbestandes an Kalium sind intrazellulär, also innerhalb unserer 60 — 100 Billionen Körperzellen verteilt. In den einzelnen Körperzellen gelöst, übt Kalium zusammen mit anderen wasserbindenden Stoffen (vorwiegend Proteinen) einen sogenannten osmotischen Gegendruck auf die die Körperzellen umgebende Flüssigkeit (die sehr natriumreich ist) aus. Kalium gilt als natürlicher Gegenspieler des Natriums, so daß man durch übermäßige Kaliumzufuhr Natrium aus dem Körper ausschwemmen kann bzw. umgekehrt ein erhöhter Kochsalz-Konsum zu Kalium-Verlusten führt.

Eine ausgeglichene Verteilung von (intrazellulär gelöstem) Kalium und (extrazellulär gelöstem) Natrium ist Grundvoraussetzung für die Funktion und Reizbarkeit von Muskel- und Nerven-Zellen.

Vereinfacht dargestellt strömt im Spannungszustand der Zellen Kalium vom Zellinneren in das Zelläußere, während zugleich Natrium in die Zelle einströmt.

Um jedoch wieder einen Zustand der Entspannung herbeizuführen, muß über eine biologische Pumpe (Natrium/Kalium-Ionen-Pumpe) das Zellinnere wieder mit Kalium und das Zelläußere mit Natrium versorgt werden.

Ist nun diese biologische »Entspannungspumpe« (z. B. aufgrund von Magnesium-Mangel) nicht vollständig leistungsfähig, oder enthält unser Körper zuwenig Nahrungskalium, so sind unsere Muskel- und Nerven-Zellen mit Kalium unterversorgt und reagieren in der Folge mit erhöhter Reizbarkeit. Die Biomedizin nennt diesen Zustand eine »Verringerung des zellulären Ruhepotentials«.

Kalium fördert die Darmtätigkeit

Was uns als Betroffene jedoch mehr interessiert, sind die Folgen einer Kalium-Unterversorgung auf unseren Gesundheitszustand. Führen wir uns die beiden Anschauungsbeispiele von der Sekretärin und dem Fußballspieler vor Augen, so müssen wir wissen, daß der Verdauungstrakt prinzipiell ebenso aus Muskelzellen besteht wie die Beinmuskulatur.

Daher kann ein Mangel an dem einen und selben Mineralstoff, je nach Belastungszustand verschiedener Organe, völlig unterschiedliche Beschwerden auslösen: Die Oberschenkel- oder Wadenmuskulatur des Sportlers ist bei Kalium-Mangel nicht mehr in der Lage, in den Ruhezustand zurückzukehren und verkrampft. Die Darmmuskulatur der Abführmittel-Verwenderin kann aufgrund der Kalium-Unterversorgung nicht mehr ihre regelmäßig rhythmischen Bewegungen (Peristaltik) ausüben und verkrampft ebenso – hier allerdings mit der Folge von Stuhlbeschwerden.

Kalium stärkt das Herz

Ein weiterer wichtiger Muskel ist in seiner Funktion sehr stark von einer ausreichenden Kalium-Versorgung abhängig: der Herzmuskel. Diese wichtige Pumpe des Lebens, die täglich etwa 100.000mal unser Blut bis an die entferntesten Körperzellen pumpt, ist in ihrer Funktionstüchtigkeit sehr stark an eine ausgeglichene Kalium- (und Magnesium-) Bilanz gebunden.

Wir sehen also, daß die Auswahl unserer Nahrungsmittel, dazu noch in Abhängigkeit unserer Lebensgewohnheiten, entscheidende Einflüsse auf unser Wohlbefinden ausüben.

Wie komme ich zu meinem täglichen Kalium?

Die Deutsche Gesellschaft für Ernährung (DGE) gibt in ihrem letzten Ernährungsbericht 1992 Bananen, Kartoffeln, Trockenobst, Spinat und Champignons als die kaliumreichsten Grundnahrungsmittel an. Prinzipiell sind Pilze aller Art sehr kaliumreich, ebenso wie Karotten- und Sojamehlprodukte.

Nicht zu unterschätzen ist auch die Kalium-Versorgung durch das Trinkwasser, außerdem sollte man beim Einkauf gezielt nach kaliumreichen Mineralwässern suchen. Hausfrauen sollen beachten, daß beim Kochen aufgrund seiner leichten Löslichkeit sehr viel Kalium in das Kochwasser ausgeschwemmt werden kann. So kann z. B. eine Gemüsebeilage je nach Zubereitungsart mehr oder weniger kaliumreich sein. Auch der Kaliumgehalt von Vollwertgetreideprodukten kann als befriedigend angesehen werden, während ausgemahlene Mehle sowie polierte Reisgerichte nur mehr wenig Nahrungskalium enthalten.

Die Deutsche Gesellschaft für Ernährung (DGE) gibt folgende Tagesbedarfszahlen an:

Säuglinge von 0 bis 12 Monaten . . . . 0,5 – 0,6 g
Kinder von 1 bis 14 Jahren . . . . 1,0 – 2,0 g
Jugendliche und Erwachsene . . . . 2,0 – 4,0 g

Im Gegensatz zu anderen Mineralstoffen verfügt der Körper über keine Möglichkeit, Kalium über längere Zeit zu speichern. Circa 90 Prozent des täglich aufgenommenen Kaliums werden über die

Nieren wieder ausgeschieden. Daher ist eine regelmäßige und tägliche Kalium-Zufuhr sehr wichtig für ein Funktionieren unserer Muskeln und Nerven.
Andererseits kann auch ein Zuviel an Kalium nicht schaden, da unser Körper über ein Regulationssystem verfügt (Homöostase), welches auf übermäßige Kalium-Zufuhr mit übermäßiger Kalium-Ausscheidung reagiert. Vorsicht ist allerdings geboten bei bestimmten Erkrankungen der Nebennierenrinden sowie bei jenen Patienten, welche herzwirksame Medikamente einnehmen müssen (da in diesen Fällen bei übermäßiger Kalium-Zufuhr die Wirkung der herzwirksamen Medikamente verstärkt werden könnte).

Wer benötigt besonders viel Kalium?

Kalium bei körperlicher Belastung

Betragen üblicherweise die täglichen Kalium-Verluste über den Schweiß weniger als 5 Prozent, so kann die Verlustrate bei Schwerarbeitern und Sportlern auf 30 Prozent ansteigen. Diese Personengruppe sollte daher, besonders wenn sie häufig zu Muskelkrämpfen neigt, an eine ausreichende Kalium-Versorgung denken.

Kalium bei Stuhlträgheit

Auch die regelmäßige Verwendung von Abführmitteln, gleich ob chemischer oder natürlicher Art (Abführtees!), führt immer zu übermäßigen Kalium-Verlusten über den Darm. Das Wirkprinzip dieser Laxantien ist ja der Entzug von Kalium (und Wasser), um den Stuhl breiiger und weicher zu machen. Nachdem gerade die Funktion der Darmmuskulatur an eine ausreichende Kalium-Versorgung gebunden ist, gerät man durch regelmäßige Laxantien-Verwendung geradezu in einen Teufelskreis: Abführmittel entziehen Kalium – der Darm ist ohne Kalium zu träge – man nimmt wieder Abführmittel usw. Die disziplinierte Auswahl kaliumreicher Nahrungsmittel, eventuell unterstützt durch natürliche Quellstoffe, wie Leinsamen, Weizenkleie oder gereinigtes, japanisches Konjak-Mehl (in diversen Quell-Präparaten unter dem Namen Glucomannan im Handel), zugleich eine Regeneration der gesunden Darmflora durch Joghurt, Kefir oder Acidophilus-Milch sollte jeder Betroffene zum Schutze seiner Gesundheit ins Auge fassen.

Kalium für Streßgeplagte

Ein nicht zu unterschätzender Kalium-Räuber ist Streß. Im Streßzustand werden, aktiviert durch zentrale Stimulation aus der Nebennierenrinde, sogenannte Streßhormone (Aldosteron) vermehrt ausgeschüttet. Die cortisonähnlichen Hormone bewirken eine vermehrte Kalium-Ausscheidung über die Nieren.

Ähnlich wie die Muskelzelle reagiert jedoch auch die Nervenzelle bei Kalium-Unterversorgung mit einer erhöhten Reizbarkeit, ist also nicht in der Lage, sich nach Aktivierung wieder zu entspannen.

Diese erhöhte Reizbarkeit der Nervenzellen führt wiederum zu vermehrter Streßbereitschaft.

Wir sehen also, daß wir es auch in diesem Falle mit einem Teufelskreis zu tun haben.

Kalium schützt Herz und Kreislauf

Eine weitere Personengruppe weist im Vergleich zu Normalpersonen einen erhöhten Kalium-Bedarf auf: All jene, die an Herzschwäche sowie an Bluthochdruck leiden.

Die medikamentöse Therapie dieser Patienten zielt in der Regel darauf ab, einerseits den Blutdruck zu senken, um den Herzmuskel zu entlasten (durch harntreibende entwässernde Arzneimittel), zum anderen soll das Herz direkt durch herzstärkende Medikamente unterstützt werden.

Wir wissen aber heute, daß hoher Blutdruck sehr häufig durch überhöhte Natrium-Zufuhr und/oder durch Streß verursacht werden kann. Hier würde also gezielte Kalium- (und Magnesium-) Zufuhr schon in vielen Fällen eine Verbesserung des Grundleidens (Stärkung des Herzmuskels bei gleichzeitiger Entlastung durch Entwässerung) herbeiführen.

Zu manchen herkömmlichen Therapien des Bluthochdrucks kommt noch erschwerend hinzu, daß gerade Bluthochdruckmittel der älteren Generation die Kalium-Ausscheidung in den Nieren aktivieren und damit dem Körper lebensnotwendiges Kalium entziehen. Diese Tatsache wirkt dem eigentlichen Ziel, nämlich den Blutdruck zu senken und das Herz zu entlasten, eher entgegen.

Was sind die ersten Anzeichen eines Kaliummangels?

Ebenso vielfältig wie die Funktionen des Kaliums sind auch die Symptome einer Unterversorgung mit Nahrungs-Kalium.

Der Bluthochdruck kann sehr häufig Folge von Streß oder einer nahrungsbedingten Natrium-Überbelastung (durch übermäßigen Kochsalz-Konsum) sein. In beiden Fällen erweist sich die kombinierte Zufuhr von kalium- und magnesiumhaltigen Nahrungsmitteln oder Mineralstoffpräparaten als sinnvoll und zielführend.

Erhöhte Krampfneigung von Schwerarbeitern, Sportlern oder das nächtliche »Ziehen in den Beinen« sind ebenso meistens durch übermäßige Kalium-Magnesium-Verluste oder durch mangelnde Zufuhr dieser Mineralstoffe bedingt.

Einseitige Diäten und Hungerkuren führen ebenso zu verminderter Kalium-Versorgung des Organismus. Kalium-Mängel äußern sich bei diesen Personen-Gruppen besonders in Abgeschlagenheit, Verstopfung, Appetitlosigkeit und niedrigem Blutdruck. Diese Beschwerden können aber auch nach längerdauernden Durchfällen auftreten, da es hierbei meist zu nicht zu unterschätzenden Mineralstoffverlusten kommen kann. Insbesondere für Säuglinge und ältere Menschen können krasse Mineralstoffverluste über mehrere Tage lebensbedrohlich sein und sollten daher möglichst rasch wieder ausgeglichen werden.

Erkrankungen des Herzens wie Angina pectoris, Herzinsuffizienz und erhöhte Arrhythmie-Bereitschaft werden vom verantwortungsbewußten Hausarzt sicherlich an eine Untersuchung des Kalium- und Magnesium-Haushaltes gekoppelt. Es gibt schon zu viele großangelegte Untersuchungen namhafter Mediziner, welche einen ursächlichen Zusammenhang zwischen der Mineralstoffversorgung und Herz-Kreislauf-Erkrankungen nachweisen.

CALCIUM

Natürlicher Ziegel unserer Gesundheit

Der alte Spruch »Jedes Kind kostet der Mutter einen Zahn« zeigt auf, daß die Bedeutung des Calciums für Knochen und Zähne schon lange bekannt war. Von den 1 bis 1,5 kg Calcium, die in jedem erwachsenen Organismus enthalten sind, entfallen ca. 99 Prozent auf Knochen und Zähne. Dabei kommt Calcium im Skelett nicht nur in fester Form (als phosphatgebundener Apatit) als Gerüstsubstanz vor, sondern die Knochen dienen auch als Calcium-Reservespeicher für den gesamten Organismus. Internationale Ernährungsgesellschaften geben den täglichen Calcium-Bedarf für Jugendliche und Erwachsene mit 800 — 1200 mg (0,8 — 1,2 g) täglich an, wobei insbesondere Jugendliche auf eine regelmäßige und ausreichende Calcium-Zufuhr achten müssen, da aufgrund ihres Knochen-Wachstums der Bedarf erhöht ist.
Nach Angaben des Statistischen Jahrbuches ELF 1983 sank der pro Kopf-Verbrauch von Trinkmilch pro Person und Jahr in der Zeit von 1950 — 1980 von 120 kg auf 80 kg. Die Bevorzugung von Auszugsmehl-Produkten, raffiniertem Zucker und phosphathaltigen Limonaden trägt das ihre dazu bei, daß heute im Durchschnitt nur 500 mg Calcium täglich über die Nahrung zugeführt werden.

Warum ist Calcium so wichtig?

Baustein für das Körpergerüst

Calcium dient als Baustein für Knochen und Zähne. Voraussetzung für den Aufbau eines kompakten Knochen- und Zahngewebes ist nicht nur die ausreichende und regelmäßige Zufuhr von Calcium, sondern er hängt auch ab von der Art des zugeführten Nahrungs-Calciums, vom Phytat-, Protein- und Fett-Gehalt der Nahrung, vom pH-Wert des Darmes und nicht zuletzt von einer regelmäßigen Zufuhr der Spurenelemente Mangan, Kupfer, Fluorid, Strontium und Silizium. Magnesium, Phosphor und Vitamin D, ebenso wie die körpereigenen Hormone Östrogen u. Testosteron beeinflussen auch die Bioverfügbarkeit (= Verwertbarkeit) des angebotenen Nahrungs-Calciums.

Calcium als Zellwand-Stabilisator

Ist die Funktion des Calciums als Knochen- und Zahn-Substanz mengenmäßig vorherrschend, so besitzt Calcium auch im übrigen Organismus nicht weniger wichtige Aufgaben: So schützt z. B. Calcium, angelagert an die Zellmembranen, das Zellinnere vor dem Eindringen körperfremder Stoffe und vor überhöhter Reizbarkeit. Sehr interessante Aspekte in diesem Zusammenhang brachte der bekannte Hannoveraner Internist Dr. Hans A. Nieper durch Untersuchungen mit sogenanntem Calcium-EAP ein. Laut Nieper zeigt Calcium-EAP (an ein spezielles Anion, nämlich Colamin, gebundenes Calcium) besondere Affinität zu zellulären Wandstrukturen von Knochen-, Muskel- und Nervenzellen. Durch die Anwendung dieser spezifischen Calcium-Verbindung konnte Nieper laut eigenen Aussagen hervorragende Erfolge in der Behandlung von Multipler Sklerose, Typ-II-Diabetes und Herz-Kreislauf-Erkrankungen erzielen. Nieper begründet den Vorteil von Calcium-EAP im Vergleich zu herkömmlichen Calcium-Salzen damit, daß das Anion Colamin (2-Amino-Ethanolphosphat) von den Zellmembranen als »körpereigen« identifiziert und daher in diese bevorzugt eingebaut werden würde. So könne die Zellmembran ihrer Kondensator- und Schutzfunktion entsprechend nachkommen und die Zelle vor Angriffen von außen, Schädigung und frühzeitiger Alterung optimal schützen. Auch diese Erfahrungen zeigen uns, daß unser Organismus offensichtlich sehr selektiv entscheidet, in welcher Form (und Menge) er Verbindungen von Mineralstoffen und Spurenelementen aus dem Nahrungsangebot und aus diversen Präparaten »annimmt« oder auch nicht.

Calcium steuert Muskeln, Nerven und Blutgerinnung

Eine weitere wichtige Eigenschaft des Calciums ist seine aktive Mitwirkung an Muskelspannung und -entspannung. Daneben beeinflußt Calcium auch die Erregungsübertragung der einzelnen Nervenzellen, die Blutgerinnung und die Aktivierung verschiedener Enzyme.

Wie komme ich zu meinem täglichen Calcium?

Die mengenmäßig wichtigsten Calcium-Lieferanten sind Milch, Milchprodukte und Gemüse. So könnte theoretisch durch 1 Liter

Vollmilch oder durch 100 g Käse (z. B. Emmentaler, Chester, Parmesan; Weichkäse enthalten weniger Calcium) der Calcium-Tagesbedarf gedeckt werden. Dieser rein theoretischen Feststellung stehen leider die statistischen Verbraucherdaten entgegen, nach denen insbesondere im jugendlichen Alter phosphathaltigen Limonaden gegenüber Milch der Vorzug gegeben wird. Ältere Menschen leiden sehr häufig an einem Mangel des milchzuckerspaltenden Enzymes Laktase und trinken daher nur wenig Milch. Diese Form der Milchunverträglichkeit kann jedoch umgangen werden, indem man auf Sauermilch und Sauermilchprodukte zurückgreift. Sauermilch enthält im Vergleich zu Vollmilch sehr viel weniger Milchzucker.
Auch aus Kohlenhydraten, welche vom Energiegehalt her die Hauptmenge unserer Ernährung ausmachen, ist Nahrungscalcium kaum mehr verfügbar, da durch die Raffination von Getreide und Zucker 80 bis 90 Prozent des Calciums verlorengehen.
Bleibt also die Konsequenz, entweder unsere Nahrungsgewohnheiten umzustellen oder, insbesondere in Zeiten erhöhten Bedarfes (Schwangerschaft, Stillzeit, Wachstumsphase), auf calciumhaltige Nahrungsergänzungen zurückzugreifen.

Calcium allein ist zu wenig

Der Mineralstoff Calcium zeigt außerdem wie kaum ein anderes Mineral die zusätzliche Notwendigkeit einer ausreichenden Versorgung mit Vitaminen (C und D), Mengen- (Magnesium, Phosphor) und Spurenelementen (Mangan, Kupfer, Fluor, Strontium, Silizium) sowie Hormonen (Östrogen, Testosteron) auf, um auch eine entsprechende Verwertbarkeit (Bioverfügbarkeit) von Calcium zu gewährleisten.

Wer benötigt besonders viel Calcium?

Calcium im Wachstum

Säuglinge und Kleinkinder im ersten Lebensjahr benötigen bereits 500 mg Calcium täglich für die Bildung ihrer Knochen und Zähne. Diese Bedarfsmengen werden in der Regel ausreichend durch die Muttermilch, Vollmilch oder Säuglingsmilch-Nahrung gedeckt. Ein geringer Teil des Nahrungscalciums wird zusätzlich aus der pflanzlichen Beikost für Babys gedeckt.

Kinder von 1 bis 10 Jahren benötigen je nach Lebensalter und Wachstumsintensität 600 bis 1000 mg Calcium pro Tag. In dieser Altersgruppe ist die Gefahr einer mangelnden Calcium-Versorgung durch übermäßigen Konsum phosphathaltiger Limonaden und Cola-Getränke sowie von leichtverdaulichen Kohlenhydrat-Erzeugnissen (Fast-Food) häufig problematisch. Bereits in diesem Lebensalter können nachhaltige Störungen im Knochen- und Zahnaufbau auftreten, welche in späteren Lebensjahren nicht mehr korrigierbar sind.

Jugendliche im Alter von 10 bis 20 Jahren haben den höchsten Calcium-Bedarf, nämlich durchschnittlich 1200 mg pro Tag. Die Ernährungsgewohnheiten in diesen Altersgruppen unterscheiden sich meist nicht sonderlich von denen der jüngeren. Ein ausreichender Konsum von Milch und Milchprodukten sowie von pflanzlicher Kost sollte auch in diesem Alter dazu beitragen, die Voraussetzungen für ein gesundes und langes Leben zu schaffen.

Calcium in der Schwangerschaft

Offensichtlich ist auch der erhöhte Calcium-Bedarf von Schwangeren und Stillenden, wird doch das Skelett-System des Neugeborenen mit Hilfe der Calcium-Reserven des mütterlichen Organismus aufgebaut.

Es leuchtet ein, daß eine junge Mutter, deren Calcium-Speicher bereits vor der Schwangerschaft entleert waren, nach der Niederkunft von einem latenten in einen akuten Calcium-Mangel rutscht und in der Folge nach der Geburt ihres Kindes plötzlich an Beschwerden zu leiden hat, die sie vorher nicht kannte.

Ein Mehrbedarf während der Schwangerschaft und Stillzeit ist aber nicht nur auf Calcium beschränkt, sondern gilt auch für andere Mineralstoffe und Spurenelemente. Ein schlecht versorgter mütterlicher Organismus bringt in jedem Fall einen minderversorgten Organismus zur Welt, Mutter und Kinder leiden danach häufig an denselben Erkrankungen wie Allergien, verschiedenen Hauterkrankungen, geschwächter Abwehrlage und anderen Mangelbeschwerden. Oft werden diese Erkrankungen dann als »vererbt« oder »genetisch bedingt« abgetan, obwohl es sich häufig nur um simple Mangelerscheinungen handelt.

Calcium in den reifen Jahren der Frau

Die Osteoporose ist eine Erkrankung, welche bei Frauen nach dem Aufhören der regelmäßigen Menstruationsblutung schrittweise auftritt. Sie ist gekennzeichnet durch einen Schwund des Knochengewebes und dadurch erhöhte Knochenbrüchigkeit, Wirbelschmerzen und Größenverlust. Großangelegte Studien beweisen heute, daß die Calcium-Versorgung (und Calcium-Bioverfügbarkeit!) während der ersten 30 Lebensjahre entscheidend ist für die Intensität und den Zeitpunkt des Eintretens osteoporotischer Erscheinungen im höheren Alter. Auch und insbesondere für die Osteoporose-Vorbeugung und -Behandlung ist es zuwenig, ausschließlich auf eine ausreichende Calcium-Versorgung zu achten. Die zusätzliche Existenz der bereits erwähnten Vitamine und Spurenelemente ist unbedingte Voraussetzung dafür, daß zugeführtes Nahrungscalcium auch entsprechend verwertet werden kann.

In diesem Zusammenhang sei noch einmal Professor Nieper erwähnt, der in der Osteoporose-Behandlung Calcium-EAP, Calcium-Orotat und Calcium-Aspartat gegenüber anderen Calcium-Salzen eindeutig den Vorzug gibt. In der Volksmedizin hat die Verwendung pulverisierter Eierschalen zur Beschleunigung schlecht heilender Knochenbrüche und zur Osteoporose-Vorbeugung lange Tradition. Eigene Spurenelement-Analysen von Eierschalen ergaben, daß diese besonders reich an Mangan und Strontium sind. Beide Spurenelemente konnten durch klinische Untersuchungen als Stimulatoren des Calcium-Einbaues in die Knochensubstanz bestätigt werden.

Was sind die ersten Anzeichen eines Calcium-Mangels?

Sind Säuglinge und Kleinkinder während ihrer Wachstumsphasen mit Calcium oder Vitamin D unterversorgt, so treten Mängel in der Knochenbildung (Rachitis) auf. Wird in den späteren Lebensjahren über die Nahrung zu wenig Calcium zugeführt, so werden die Calcium-Speicher des Knochens sukzessive entleert, bei längerdauernden Calcium-Defiziten wird sogar die Knochenmatrix »entkalkt«, da über Hormone der Nebenschilddrüsen (Parathormon, Calcitonin) ein konstanter Blutspiegel von 100 mg Calcium pro Liter aufrecht erhalten werden muß.

Die Folgen für die Knochen sind erhöhte Brüchigkeit im höheren Alter und Deformationen (Witwenbuckel). Äußere Zeichen einer latenten Calcium-Unterversorgung sind brüchige Haare und Nägel sowie ein schlaffes Hautbild. Extrem niedrige Serum-Calcium-Spiegel, welche meist die Folge hormoneller Regulationsstörungen sind, äußern sich in einer erhöhten Krampfneigung (Tetanie).

Wie bereits erwähnt, lagert sich Calcium in Verbindung mit bestimmten Anionen (EAP, Orotat, Aspartat) in die Zellmembrane ein und vermindert dadurch deren Durchlässigkeit. Dieser Effekt wird in der Akuttherapie von Allergien ausgenützt, da durch Calcium-Gaben eine übermäßige Histaminfreisetzung (welche für die allergische Reaktion verantwortlich ist) vermieden werden kann. Dieser therapeutische Effekt wird durch die Kombination mit Vitamin C noch verstärkt.

Zur »Giftigkeit« des Calciums: Nach den heutigen statistischen Erfahrungen ist unter Normalbedingungen nicht mit Calcium-Überdosierungen zu rechnen. Selbst Calcium-Zufuhren von täglich 2000 mg über längere Zeit sind garantiert unschädlich, vorausgesetzt, der Organismus ist gesund. Die Meinung, durch übermäßige Calcium-Zufuhr käme es früher zu »Verkalkungen«, beruht auf einem Irrtum. Anders als bei Installationsleitungen im Haushalt handelt es sich bei dem Begriff »Verkalkung« im Zusammenhang mit Blutgefäßen nicht nur um übermäßige Calcium-Ablagerungen, sondern vielmehr um die Ablagerung arteriosklerotischer Plaques organischen Ursprungs. So haben wir in der heutigen Zeit aufgrund unserer geänderten Ernährungsgewohnheiten viel häufiger Calcium-Mangelerscheinungen als mit Calcium-Überbelastungen zu tun. Nur in bestimmten Krankheitsfällen wie Schilddrüsen- und Nebenschilddrüsenerkrankungen, Nebennierenrindenerkrankungen sowie bei länger dauernder Vitamin-D-Überdosierung kann es zu erhöhten Calcium-Werten im Blut kommen. Diese erhöhten Calcium-Werte gehen jedoch immer einher mit einer gleichzeitigen Mangelversorgung der Knochen. In diesen Fällen darf Calcium ohne ärztliche Untersuchung nicht zusätzlich eingenommen werden.

MAGNESIUM
Lebensnotwendiger Schutz für unser Herz

Mediziner der älteren Generation berichten übereinstimmend, daß zur Zeit ihrer ärztlichen Ausbildung, also während der Nachkriegsjahre, Patienten mit Bluthochdruck, Herz-Kreislauf-Erkrankungen oder gar Herzinfarkt damals zu den seltenen Patientengruppen gehört hatten. Heute zählen Bluthochdruck, Durchblutungsstörungen und Herz-Kreislauf-Erkrankungen zu den häufigsten Todesursachen. Wir haben uns daran gewöhnt, diese Zivilisationserkrankungen als gegeben hinzunehmen.

Wir lesen in den Zeitungen, daß Streß, Lärmbelästigung, ungesunde Lebensgewohnheiten, Überforderung in Beruf und Familie schuld an dieser Entwicklung seien und können offensichtlich nichts dagegen tun.

Dabei übersehen wir, daß – statistisch eindeutig belegt – jeder fünfte Herz-Kreislauf-bedingte Todesfall vermeidbar wäre: Durch die regelmäßige Einnahme von Magnesium, dem bestdokumentierten Mineralstoff.

Warum ist Magnesium so wichtig?

Magnesium und Kalium gehören zusammen

Wie bereits im Kapitel »Kalium« ausführlich beschrieben, besteht ein sehr enger Zusammenhang in einer ausreichenden Versorgung mit den beiden Mineralstoffen Kalium und Magnesium. Wir haben bereits gehört, daß jede unserer 60 Billionen Körperzellen ausreichend mit Kalium versorgt sein muß, um optimal zu funktionieren. Insbesondere betrifft dies die Fähigkeit unserer Zellen (Skelettmuskeln, Herzmuskeln, Gefäßmuskeln, Nervenzellen), auf Reize entsprechend zu reagieren und sich nach Abflauen des Reizes wieder ausreichend zu entspannen. Das alte chinesische Sprichwort »Nur wer Meister ist über die Entspannung, ist auch Meister über die Spannung« trifft auf den Körper ebenso zu wie auf die Psyche.

Magnesium ist Energie für Herz und Nerven

Was hat nun Magnesium mit einem optimalen Kalium-Einstrom in die Zellen und damit mit einer optimalen intrazellulären Kalium-Versorgung zu tun? Betrachten wir dazu einmal die Tätigkeit unseres Herzmuskels, welcher die Aufgabe hat, durch rhythmische Herzschläge unser Blut durch den Körper zu pumpen – 4.000mal in der Stunde, 100.000mal pro Tag, 36 Millionen Male pro Jahr und 2,5 Milliarden Male im Laufe eines 70jährigen Lebens. 2,5 Milliarden Male hält unser Herz also den Blutkreislauf in Bewegung, bildet also die Voraussetzung dafür, daß unsere Zellen ihren lebensnotwendigen Stoffwechselleistungen nachkommen können, führt unseren Zellen Nähr- und Brennstoffe zu und sorgt auch für deren Entschlackung. 2,5 Milliarden mal zieht sich also der Herzmuskel zusammen (Systole), um das Blut in die entferntesten Regionen zu pumpen, gefolgt von jeweils 2,5 Milliarden Entspannungen (Diastole), um neues Blut in die Herzkammern aufzunehmen. Dabei wiederholt sich auf elektromechanischem Wege immer wieder derselbe Vorgang: Während der Systole, also während der Kontraktion, strömen Natrium und Calcium in die Herzmuskelzellen, während Kalium und Magnesium aus ihr herausströmen. Dieser Vorgang benötigt wenig zelluläre Energie, da Natrium und Calcium (im Austausch gegen Kalium und Magnesium) sozusagen sogartig in die Zellen gezogen werden, während der Entspannungsvorgang relativ viel an zellulärer Energie benötigt. Über sogenannte »Ionen-Pumpen« müssen nämlich die Herzmuskelzellen zur Entspannung wieder mit Kalium und Magnesium gefüllt werden. Eben diese Ionen-Pumpen sind in ihrer Leistungsfähigkeit sehr stark von einer ausreichenden Magnesium-Versorgung abhängig.

Magnesium schützt das Herz vor Erregung

Aber auch im Zuge des Kontraktionsvorganges des Herzmuskels, also während des Calcium-Einstroms in die Zelle, ist eine ausreichende Magnesium-Konzentration im Körper sehr wichtig, da Magnesium als Gegenspieler (Antagonist) des Calciums um den Einlaß in die Zellen konkurriert und somit eine Kontraktion über das normale Maß hinaus verhindert und dadurch den Herzmuskel vor übermäßiger Belastung schützt. In der Medizin werden zu diesem Zwecke an streßgeplagte, herzgeschwächte Menschen sogenannte (synthetische) »Calcium-Antagonisten« (Calcium-Gegenspieler) verordnet, um einen übermäßigen Calcium-Einstrom in die Zellen abzubremsen. Hier stellt sich wieder einmal die Frage, warum man bei diesen Erkrankungen nicht häufiger zumindest zusätzlich auf einen *natürlichen* »Calcium-Antagonisten«, nämlich Magnesium, zurückgreift, wo es sich doch hierbei eindeutig um einen lebensnotwendigen Mineralstoff handelt, mit dem wir aufgrund unserer heutigen Lebensbedingungen eben nicht ausreichend versorgt sind. Es ist zu hoffen, daß der Ernährungsmedizin in den kommenden Jahren der Stellenwert eingeräumt wird, der ihr im Rahmen ursächlicher Vorbeugemedizin zukommt.

An dem beschriebenen Beispiel ist zu sehen, daß Magnesium in zweifacher Hinsicht den Herzmuskel schützt: Einerseits als Gegenspieler des Calciums, indem durch die Anwesenheit von Magnesium ein übermäßiger Calcium-Einstrom in die Zellen und damit eine Überreaktion des Herzmuskels verhindert wird. Zum anderen aktiviert Magnesium als Enzym-Bestandteil die sogenannten Ionen-Pumpen, welche für eine ausreichende Kalium-Versorgung des Zellinneren sorgen — vorausgesetzt natürlich, der Körper ist genügend mit Kalium (Tagesbedarf 2 — 3 g) versorgt.

Magnesium entspannt die Bein- und Gefäßmuskulatur

Ähnliche Funktionen erfüllen Magnesium und Kalium auch in anderen Muskeln: Ein Mangel an einem dieser beiden Mineralstoffe kann daher auch zu Krämpfen in der Skelettmuskulatur (Sportler, Schwerarbeiter) oder auch zu nächtlichen Wadenkrämpfen (Personen mit vorwiegend sitzender Tätigkeit) führen.

Magnesium bei Herzrhythmusstörungen

Die Calcium-antagonistische Wirkung des Magnesiums ist auch dafür verantwortlich, daß zusätzliche Magnesium-Gaben häufig sehr gute Effekte bei Herzrhythmusstörungen bringen.

In diesem Falle lagert sich Magnesium an Stelle von Calcium an bestimmte Rezeptoren der zellulären Membranen an und stabilisiert so die Herzmuskelzellen vor den Einflüssen unterschwelliger Reize, die bei Magnesiummangel zu sogenannten Extrasystolen führen können.

Der Streß-Magnesiummangel-Teufelskreis

Die Membran-, also Zellwand-stabilisierenden Eigenschaften des Magnesiums sind auch dafür verantwortlich, daß bei einem ausgeglichenen Magnesium-Status weniger Streßhormone (Adrenalin, Noradrenalin) freigesetzt werden als im Zustand eines Magnesium-Mangels. Daher gilt Magnesium allgemein als natürliches Antistreß-Mineral. Es schützt einerseits unseren gesamten Organismus vor einer Überflutung mit Streßhormonen (Hemmung der Adrenalin-Freisetzung), zum anderen aber auch lebenswichtige Organe wie den Herzmuskel direkt vor den Folgen dieser Streß-Übermittler (Hemmung der Adrenalin-Wirkung).

Übermäßige Adrenalin-Konzentrationen in unserem Blut bewirken außerdem eine vermehrte Freisetzung von freien Fettsäuren, welche ihrerseits wieder Magnesium binden und dem Körper entziehen, so daß nun noch mehr an streßschützendem Magnesium verlorengeht. So ist verständlich, daß einerseits Magnesium-Mangel eine erhöhte Streßreagibilität bewirkt, andererseits bei längerdauernder Streßbelastung der Magnesium-Bedarf erhöht ist.

Magnesium senkt erhöhten Blutdruck

Negative Auswirkungen eines Magnesium-Mangels auf die Blutgefäße ergeben sich dadurch, daß sowohl Adrenalin als auch Prostaglandine bei Magnesium-Unterversorgung vermehrt gebildet werden. Diese beiden körpereigenen Stoffwechselprodukte führen gleichermaßen, wenn auch über verschiedene Mechanismen, zu einer Verengung der Blutgefäße und damit zu einer Blutdrucksteigerung. Umgekehrt erfolgt daher bei längerdauernder (über 2 bis 3 Monate) Magnesium-Zufuhr eine Erweiterung der Blutgefäße, damit eine Erniedrigung des Blutdrucks und Entlastung des Herzmuskels.

Es würde den Rahmen dieses Kapitels bei weitem sprengen, auf sämtliche biochemischen Funktionen des Magnesiums einzugehen, ist doch Magnesium für die Aktivierung von etwa 300 verschiedenen Enzymen in unserem Stoffwechselgeschehen verantwortlich. Die Kräftigung des Herz-Kreislauf-Systems, der Muskulatur sowie die Abschirmung vor übermäßiger Streßbelastung sind aber – insbesondere in Kombination mit Kalium – sicherlich die herausragenden Eigenschaften dieses Mineralstoffes.

Wie komme ich zu meinem täglichen Magnesium?

Der Magnesium-Bestand des erwachsenen Menschen beträgt circa 24 bis 28 g, also relativ wenig. Die Hälfte dieser Menge, ca. 12 g, ist in den Knochen eingelagert, wobei ein überwiegender Teil des Knochenmagnesiums als rasch verfügbarer Magnesiumspeicher dient. Die zweite Hälfte des Körpermagnesiums findet sich in den Parenchym-Zellen von Skelett- und Herzmuskulatur, wo es aktiv an den Muskelfunktionen beteiligt ist. Ein nicht unwesentlicher Magnesium-Anteil ist auch in den Leberzellen (Mikrosomen) lokalisiert.

Die Deutsche Gesellschaft für Ernährung empfiehlt in ihrem letzten Ernährungsbericht eine tägliche Magnesiumzufuhr von 300 bis 400 mg für Erwachsene. Man möchte nun meinen, daß in unserer Zeit, in der wir aufgrund der hervorragend organisierten Vertriebsformen der Lebensmittelindustrie aus einem äußerst abwechslungsreichen Nahrungsmittelangebot wählen können, auch die Magnesiumversorgung entsprechend wäre. Dem ist jedoch nicht so. Das vielzitierte Auslaugen unserer Böden, verschärft durch magnesiumarme und kaliumreiche Kunstdüngung, läßt unser Nahrungsangebot von Jahr zu Jahr mehr an Magnesium verarmen.

So tritt die paradoxe Situation ein, daß selbst bei kaliumüberreichem Angebot unserer Lebensmittel nicht nur die Magnesiumversorgung, sondern auch die mit Kalium nicht gewährleistet ist, da unsere Körperzellen das angebotene Nahrungskalium bei Magnesiummangel nicht verwerten können. Zudem gehören Nahrungsmittel wie frische Salate, Gemüse, Hülsenfrüchte und Vollkorngetreide-Erzeugnisse statistisch gesehen nicht gerade zu unseren Hauptnahrungsmitteln. Gerade diese Lebensmittel gelten jedoch als magnesiumreich und enthalten andere wichtige (basenbildende) Mineralstoffe und Spurenelemente, soferne sie nicht aus holländischen Hydrokulturen stammen.

Verschiedene Streßfaktoren (Lärm, Hektik, Aggressionen), die wir schon längst nicht mehr bewußt wahrnehmen, erhöhen unseren täglichen Magnesiumbedarf zusätzlich. Der Vollständigkeit halber sei erwähnt, daß besondere Lebensbedingungen wie Schwerarbeit, Ausdauer- und Hochleistungssport, Schwangerschaft und vor allem die Stillzeit den Magnesiumbedarf um bis zu 100 Prozent erhöhen können. Auch ein übermäßiger Fettkonsum bindet wichtige Mengen täglich zugeführten Nahrungsmagnesiums durch die Bildung unlöslicher Magnesium-Fettsäure-Salze, welche dann unverdaut durch den Stuhl ausgeschieden werden. So kann also guten Gewissens behauptet werden, daß die zusätzliche Einnahme von Magnesium-haltigen Präparaten (50 — 100 mg täglich) zum vorbeugenden Schutz vor Herz-Kreislauf-Erkrankungen durchaus empfohlen werden kann. Bei der Auswahl der Präparate sollte man jedoch darauf achten, daß sogenannte organische Magnesium-Präparate (also Magnesium-Orotate, -Aspartate, -Glycerophosphate) anorganischen, wie z. B. Magnesium-Sulfaten, vorzuziehen sind, da sie einerseits besser verträglich sind und zum anderen unseren Körper vor zusätzlicher Übersäuerung schützen.

Wer benötigt besonders viel Magnesium?

Magnesium bei hohem Blutdruck und schwachem Herzen

Wie bereits am Anfang dieses Kapitels ausgeführt, übt Magnesium seine spektakulärste Wirkung auf das Herz-Kreislauf-System aus. So ist es leicht verständlich, daß streßgeplagte Menschen, ältere Personen mit geschwächtem Herz und Hypertoniker besonders auf eine regelmäßige und ausreichende Magnesium-Zufuhr achten sollen. Hierbei ist jedoch zu bedenken, daß insbesondere im Falle latenter Magnesium-Unterversorung bei zusätzlicher Magnesiumzufuhr in der ersten Phase (4 — 6 Wochen) zuerst einmal die leeren Magnesiumspeicher aufgefüllt werden, ohne daß sich für den Betroffenen ein positiver Effekt der Magnesiumeinnahme bemerkbar macht. Kurzfristige Erfolge, wie wir sie durch die Einnahme entsprechend stark wirksamer Medikamente gewöhnt sind, sind im Falle einer Magnesium-Nahrungsergänzung nicht zu erwarten. Geduld und Konsequenz des Betroffenen sind also unabdingbare Voraussetzung für den Erfolg. Der amerikanische Pathologe Chipperfield wies z. B. nach, daß das Herzgewebe all jener Patienten, die an Herzinfarkt verstorben waren, eine verminderte Magnesium- und Kalium-Konzentration im Vergleich zu Normalpersonen aufwies.

Häufig unterschätzt wird auch die Tatsache, daß gerade Medikamente zur Behandlung des Bluthochdrucks (sogenannte Diuretika) und der Herzschwäche (Digitalis-Präparate) die Magnesiumverluste über den Urin steigern. Da jedoch gerade der Herzkranke und der Hypertoniker genügend Magnesium benötigen, wird der Arzt eine Herz- oder Bluthochdruck-Therapie durch zusätzliche Magnesium- (und Kalium-) Gaben zumindest unterstützen.

Alkohol erhöht den Magnesium-Bedarf

Erwähnenswert erscheint auch, daß nicht nur unter andauernder Streßbelastung, sondern auch bei übermäßigem und regelmäßigem Alkoholkonsum die Magnesium-Ausscheidung stark ansteigt.

Streß und Alkoholismus treten ja sehr häufig gepaart auf, so daß Personen, welche ihren Leistungsdruck durch Alkoholkonsum zu kompensieren versuchen, mit hoher Wahrscheinlichkeit an Magnesium-Mangelzuständen leiden dürften.

Das gehäufte Auftreten von streßbedingten Herzerkrankungen, besonders im mittleren Alter, ist häufig auf mangelnde Magnesiumversorgung zurückzuführen.

Magnesium kann Altersdiabetes vorbeugen

Auch Diabetiker haben erhöhten Magnesium-Bedarf, so daß eine zusätzliche Magnesium- (und Chrom-, Zink- und Mangan-) Zufuhr sehr häufig die diabetische Stoffwechsellage verbessert.

Bei Kalium-Mangel fehlt häufig Magnesium

Es sollte auch darauf verwiesen werden, daß sämtliche Beschwerden, die mit einer mangelnden Kaliumversorgung einhergehen, sinnvollerweise durch kombinierte Kalium-Magnesium-Zufuhr positiver beeinflußt werden können als durch alleinige Kalium-Gaben.

Magnesium für Sportler

Eine amerikanische Sportmedizinergruppe konnte in einer eindrucksvollen Studie nachweisen, daß Leistungssportler aufgrund der starken psychischen und physischen Belastungen sogar mehr Magnesium ausscheiden, als sie durch zusätzliche Magnesium-Zufuhr aufnehmen und verwerten können.

Daher sei Leistungssportlern empfohlen, auch während der Trainingspausen Magnesium und andere Mineralstoffe und Spurenelemente zusätzlich zuzuführen.

Magnesium für die Knochen

Im fortgeschrittenen Alter ist die regelmäßige, zusätzliche Magnesium-Zufuhr nicht nur wegen der Herz-Kreislauf-schützenden Eigenschaften des Magnesiums empfohlen, sondern auch, da Magnesium, zusammen mit verschiedenen Spurenelementen, die Calcifizierung der Knochen stimuliert und damit einer erhöhten Knochenbrüchigkeit vorbeugt.

Magnesium schützt das Nervensystem

Magnesium kann, wie bereits erwähnt, vorbeugend im Sinne einer Anti-Streß-Therapie äußerst wirksam sein. Wir haben bereits gehört, daß Magnesiummangel einerseits die Streßempfindlichkeit stark erhöht, daß diese verstärkten Reaktionen auf Streßauslöser ihrerseits wieder vermehrten Magnesiumverlust verursachen.

In diesem Sinne könnte man Magnesium als »Zeitgeist-Mineral« bezeichnen. Diese Tatsache wurde in einem praktischen klinischen Versuch von einem deutschen Medizinerteam bewiesen: In einer Vergleichsuntersuchung an 28 Patienten konnte nachgewiesen werden, daß unter Streßbelastung bei Magnesiummangel der Blutdruck signifikant stärker anstieg als unter gleichen Bedingungen bei ausreichender Magnesiumversorgung.

Magnesium fördert die Darmtätigkeit

Auch regelmäßiger Gebrauch von Abführmitteln führt zu gesteigerten Magnesium- (und Kalium-) Verlusten. Ein Mangel an diesen beiden Mineralstoffen führt daher nicht nur zu einer schrittweisen Lähmung der Darmmuskulatur – was einen immer intensiveren Gebrauch von Abführmitteln zur Folge hat – sondern schwächt in der Folge auch die Herz- und Skelett-Muskulatur.

Was sind die ersten Anzeichen eines Magnesium-Mangels?

Erhöhte Empfindlichkeit auf streßauslösende Reize wie Lärm, einen hektischen Alltag, Schrecksituationen und tägliche Überforderung sind sehr häufig psychische Symptome einer latenten Magnesiumunterversorgung.

Körperlich wirkt sich ein Magnesium-Minus insbesondere in Störungen am Herzen aus: Herzrhythmusstörungen, erhöhte Pulsfrequenz ohne körperliche Belastung sowie pektanginöse Beschwerden (krampfartige Beschwerden im Bereich des Herzmuskels mit Ausstrahlungen in den linken Arm).

Der Anstieg des Blutdrucks trotz »normaler« Lebensbedingungen kann einerseits direkte Folge der geschwächten Herzfunktion sein, ist zum anderen aber auch auf einen örtlichen Magnesium-Mangel in den Blutgefäßen zurückzuführen. Das Beschwerdebild des Hypertonikers wird zusätzlich erschwert durch die Tatsache, daß bei Magnesium-Unterversorgung die Fließfähigkeit des Blutes herabgesetzt ist, was die Infarktgefahr zusätzlich erhöht.

Auch Durchblutungsstörungen, verbunden mit nächtlichen Wadenkrämpfen und periodisch auftretenden Parästhesien (Taubheitsgefühl in den Extremitäten), weisen häufig auf eine mangelnde Magnesiumversorgung hin.

Bei all den beschriebenen Symptomen, welche meist nicht isoliert auftreten, sollte an Magnesiummangel gedacht und in akuten Fällen der Magnesium-Status durch den Hausarzt überprüft werden. Auch auf den erhöhten Magnesium-Bedarf in bestimmten Perioden, wie während der Schwangerschaft, Stillzeit, bei Schwerarbeit und im Leistungssport, ebenso wie bei chronischer Streßbelastung, soll an dieser Stelle noch einmal hingewiesen werden.

Ein gesunder Organismus ist durchaus in der Lage, kurze Zeiten eine verminderte Magnesiumversorgung durch ebenso verminderte Magnesium-Ausscheidung über die Nieren zum Teil abzufangen.

Eine längerdauernde Magnesiumunterversorgung oder erhöhte Magnesium-Ausscheidung führt jedoch immer zu einer Entleerung der Magnesium-Speicher (Knochen), und damit in der Folge zu gesundheitlichen Störungen, insbesondere des Herz-Kreislauf-Systems.

Umgekehrt wird eine erhöhte Magnesium-Zufuhr vom gesunden Körper durch einen erhöhten Magnesium-Gehalt des Urins beantwortet, so daß selbst zusätzliche Gaben von 400 mg Magnesium täglich über mehrere Monate ohne negative Folgen sind. Mediziner sprechen in diesem Zusammenhang von der »großen therapeutischen Breite« des Magnesiums.

Vorsicht ist allerdings geboten bei jenen Erkrankungen, bei denen eine ausgleichende Magnesium-Ausscheidung nicht gewährleistet ist: Dies sind Niereninsuffizienz, Morbus Cushing, Schilddrüsenunterfunktion, extremer Flüssigkeitsverlust des Körpers, Azidose (Übersäuerung des Blutes) sowie diabetisches Koma.

Wird Magnesium in der Regenbogen-Presse zuweilen auch als Wundermittel angepriesen, was nicht den Tatsachen entspricht, so steht nach heutigen Erkenntnissen dennoch fest: Magnesium ist ein lebensnotwendiger Mineralstoff und kann guten Gewissens als äußerst wirksamer Naturstoff für Herz und Kreislauf bezeichnet werden.

ZINK
Das Zeitgeist-Spurenelement

Man stelle sich folgendes Alltags-Szenario vor: Morgens um 7 Uhr aus dem Bett, schlaftrunken ins Badezimmer, halb verschlafen an den gedeckten Frühstückstisch, SIE bringt die Kinder zur Schule, ER ist auf dem Weg ins Büro. Um 8.30 Uhr das erste Telefonat, um 8.45 Uhr das Gespräch mit dem Abteilungsleiter, um 10 Uhr die dritte Tasse Kaffee und die fünfte Zigarette, mittags Arbeitsessen mit einem wichtigen Kunden, am Nachmittag das 14. Telefongespräch, die 6. Tasse Kaffee und die 12. Zigarette. Am Abend, nach Dienstschluß, der obligate Besuch des Stammlokals mit Arbeitskollegen, das erste Bier, die 20. Zigarette. Heimfahrt um 22 Uhr bei nassem Wetter, die Scheinwerfer der entgegenkommenden Fahrzeuge blenden, die trüben Augen brennen. Als er endlich zuhause ist, schlafen seine Frau und die Kinder schon . . .

Was sich wie die Einleitung eines Dreigroschen-Romanes liest, ist gleichsam ein Anschauungsbeispiel für einen nicht seltenen Tagesablauf, der den körperlichen Zinkhaushalt über alle Maßen belastet.

Laut letztem Bericht der Deutschen Gesellschaft für Ernährung (DGE) 1992 sind Streß, Alkohol und Nikotin die stärksten Zink-Räuber unserer Zeit.

Warum ist Zink so wichtig?

Die moderne Biochemie hat bis heute mehr als 160 körpereigene Enzyme und Hormone als zinkabhängig erkannt. Daraus läßt sich leicht erkennen, daß diesem Spurenelement eine eminente Bedeutung in verschiedenen medizinischen Fachgebieten zukommt: In der Diabetologie, Dermatologie, Gynäkologie, Immunologie, der Psychiatrie gleichermaßen wie in der Augenheilkunde.

Zink-Mangel verzögert das Wachstum

Erstmals wurde über Zink-Mangelerscheinungen am Menschen in den 60er Jahren berichtet, als man an ägyptischen Kindern starke

Wachstumsstörungen mit verzögerter sexueller Reifung feststellte. Genauere Recherchen der Ernährungsgewohnheiten ergaben einen hohen Phytat-Gehalt des Getreides in den dortigen Gebieten. Phytate sind natürliche Zucker-Phosphor-Verbindungen, welche vor allem in Getreidekleie, Hülsenfrüchten und Ölsaaten vorkommen und mit bestimmten Mineralstoffen (Calcium, Eisen, Zink) schwer lösliche Salze binden. Diese können dann nicht in das Blut aufgenommen werden. Die Krankheitsbilder der ägyptischen Kinder konnten jedenfalls durch zusätzliche Zinkgaben behoben werden.

Zink fördert Sexualfunktionen

Bedingt eine zinkarme Ernährung beim Jugendlichen eine verzögerte sexuelle Entwicklung, so hat Zink auch bei Erwachsenen einen nicht unerheblichen Einfluß auf die Sexualfunktion. Sowohl die weiblichen Eierstöcke als auch die männlichen Keimzellen und Spermen sind besonders zinkreich. Eine ausreichende Zink-Versorgung scheint daher Voraussetzung zu sein für eine optimale Balance im Haushalt der Sexualhormone. So empfiehlt die deutsche Medizinjournalistin M. E. Lange-Ernst die zusätzliche Einnahme von Zink-Präparaten bei unregelmäßigen Monatsblutungen. Die beiden deutschen Mediziner und Spurenelement-Experten Prof. Bayer und Prof. Schmidt machen Zink-Mangel für Funktionsstörungen der männlichen Keimzellen, Unfruchtbarkeit und Impotenz verantwortlich.

Sicherlich müssen die Ursachen der angeführten Beschwerden ärztlicherseits durch Differentialdiagnosen abgeklärt werden, dem Spurenelement Zink scheint aber in der Behandlung von Störungen der Sexualfunktionen entscheidende Bedeutung zuzukommen.

Vielleicht liegt es im hohen Zinkgehalt der Austern begründet, daß diese kostbaren Schalentiere schon seit altersher als potenzfördernd gelten.

Zink und Diabetes

Eine weitere wichtige Funktion erfüllt Zink in Form eines Insulin-Zink-Speichers in den Langerhans'schen Inselzellen der Bauchspeicheldrüse. So konnte bei insulinpflichtigen Diabetikern durch

regelmäßige Zinkgaben der Zuckerhaushalt verbessert oder zumindest stabilisiert werden. Bekanntermaßen leiden insulinpflichtige Diabetiker sehr häufig auch an Diabetiker-Folgeerkrankungen, welche insbesondere das Auge (Retinopathie), die Blutgefäße sowie eine gestörte Wundheilung (Ulcus cruris) betreffen.
Sowohl in der Hell-Dunkel-Anpassungsfähigkeit des Auges als auch bei Wundheilungsprozessen nimmt das Spurenelement Zink eine zentrale Rolle ein. Sowohl die Adaptionsleistung des Auges als auch eine verzögerte Wundheilung lassen sich durch Zinkzufuhr erheblich verbessern.

Zink fördert den Hautstoffwechsel

Überhaupt wirkt sich die Anwesenheit von Zink äußerst positiv auf sämtliche Stoffwechselleistungen der Haut aus. Als Bestandteil sogenannter DNA- und RNA-Polymerasen ist das Spurenelement Zink praktisch an jedem Prozeß der Zellneubildung beteiligt. So ist gleichsam verständlich, daß z. B. nach Operationen oder größerflächigen Verbrennungen der Zinkbedarf erhöht ist. Hinzu kommt noch verschärfend, daß Verbrennungen und Operationen für den Körper eine enorme Streßsituation darstellen. Wie wir heute wissen, kann der Zinkbedarf unter physischen oder psychischen Streßbedingungen auf den 4- bis 5fachen Tagesbedarf ansteigen, da Streß die Zinkausscheidung über den Urin erheblich steigert.

Zink unterstützt das Immunsystem

Wesentliche Bedeutung hat Zink im immunologischen Geschehen, weil die erwähnten Polymerasen auch für die Bildung der Immunzellen verantwortlich sind.
So kommt es bei Zinkmangel zu einer Verringerung der Anzahl sogenannter Lymphozyten, T-Killer- und T-Helfer-Zellen. Wenn wir die Funktionen weiterer Spurenelemente, wie z. B. des Selens, Eisens, Kupfers, um nur einige zu erwähnen, betrachten, so wird uns hier ein weiteres Mal die Wichtigkeit einer optimalen Spurenelementversorgung für unser Immunsystem bewußt.
Personen, die häufig kränkeln, ein reduziertes Allgemeinbefinden haben und häufig an banalen Infektionen erkranken, sollten besonders in bezug auf die Spurenelementversorgung ihre Ernährungsgewohnheiten überdenken.

Zink gegen Haarausfall

In letzter Zeit häufen sich Berichte, die über positive Ergebnisse in der Behandlung des Haarausfalles durch Zinkgaben berichten. Nun ist es so, daß die Ursachen des Haarausfalles sicherlich multifaktoriell, also vielfältig, sind. So kann die eine oder andere Form des Haarausfalles, gerade wenn sie durch Zinkmangel verursacht wurde, auf Zinkergänzungen sehr gut ansprechen. Insbesondere eine spezielle Form des Haarausfalles, die Alopecia areata (kreisrunder Haarausfall) spricht mit außerordentlich hoher Quote positiv auf Zink an.

Wie komme ich zu meinem täglichen Zink?

Am Beispiel des Spurenelementes Zink wird uns deutlich vor Augen geführt, wie groß die Einflüsse der industriellen Lebensmittelverarbeitung auf die Qualität unserer Grundnahrungsmittel sind: Neueste Lebensmittelanalysen ergaben, daß durch das Ausmahlen von Getreide der Zinkgehalt des Mehles um bis zu 90 Prozent reduziert wird. Man kann also davon ausgehen, daß die üblicherweise verzehrten Nahrungsmittel wie Weißgebäck, Nudeln, Mehlprodukte aller Art sowie polierte Reisgerichte den täglichen Zinkbedarf nur ungenügend decken.

Die Deutsche Gesellschaft für Ernährung (DGE) gibt den täglichen Zinkbedarf wie folgt an:

Säuglinge 5 mg, Kinder von 1 bis 4 Jahren 7 mg, Kinder von 4 bis 10 Jahren 11 mg, Jugendliche und Erwachsene 12 bis 15 mg, Stillende 22 mg.

Im Zusammenhang mit Spurenelementversorgung und Ernährung taucht immer wieder die Diskussion auf, ob tierische Lebensmittel pflanzlichen vorzuziehen wären oder umgekehrt. Die DGE gibt als besonders gute Zinkquelle Innereien, Muskelfleisch, Milchprodukte, verschiedene Fischarten und besonders Schalentiere (Austern) an. Die Resorptionsquote (Aufnahmerate) aus tierischen Grundnahrungsmitteln ist prinzipiell besser als die aus pflanzlichen. Hierzu muß jedoch festgestellt werden, daß in Vollwertgetreideprodukten zwar resorptionsstörende Begleitstoffe (Calcium, Phytate, Faserstoffe) vorhanden sind, dafür aber der Zinkgehalt im Vergleich zu ausgemahlenen Produkten um das bis zu 10fache höher ist. So erscheint zwar die prozentuale Resorptionsquote niedrig, die absolute Aufnahmemenge ist jedoch durchaus befriedigend.

Wer benötigt besonders viel Zink?

Streßgeplagte

Wie bereits erwähnt bewirkt psychischer Streß (Leistungsdruck, Mehrfachbelastung durch Beruf, Haushalt und Familie) ebenso wie physischer Streß (Operationen, Verbrennungen, Verletzungen) massive Zinkverluste über den Urin. Manche Ärzte vertreten heute die Auffassung, daß Operationen prinzipiell nur unter »Zinkbegleitschutz« durchgeführt werden sollten.

Sportler und Schwerarbeiter

Eine weitere Personengruppe, die häufig negative Zinkbilanzen aufweist, sind Spitzensportler. Bekanntermaßen sind Hochleistungssportler meist sehr anfällig gegenüber Infektionen. Sicherlich trägt eine schlechte Zinkversorgung zu einer allgemein schlechten Immunlage bei. Übermäßige Zinkverluste von Sportlern und Schwerarbeitern erfolgen über den Schweiß.

Diabetiker

Untersuchungen an Diabetikern haben gezeigt, daß diese Personengruppe sehr häufig an Zinkmangel leidet. Ob dies an Aufnahmestörungen oder an übermäßiger Zinkausscheidung liegt, ist bis heute noch unklar.

Menschen, die rauchen und Alkohol konsumieren

Menschen, die häufig unter Streßbedingungen leben, gehören nicht selten zur Gruppe der Raucher und konsumieren auch mehr oder weniger regelmäßig Alkohol. Diese Lebenshaltung führt zu einer überdurchschnittlich hohen Belastung des Zink- und Vitamin-A-Haushaltes. Überhaupt bestehen sehr enge Korrelationen zwischen Zink- und Vitamin-A-Stoffwechsel. Erste Anzeichen einer latenten Zink- und Vitamin-A-Unterversorgung sind eine gestörte Anpassungfähigkeit des Auges an das Hell-Dunkel-Sehen (Autofahrer!), ein trockenes, schuppiges Hautbild sowie eine geschwächte Immunlage. Der amerikanische Arzt R. M. Russell schildert sehr eindrucksvoll in einer Studie die negativen Auswirkungen regelmäßigen Alkoholkonsums auf den Zink- und Vitamin-A-Stoffwechsel.

Risikogruppen, die mit Schwermetallen belastet sind

Eine überdurchschnittliche Belastung des Organismus mit Schwermetallen (Blei, Cadmium, Quecksilber) führt im gleichen Zuge immer zu übermäßiger Zinkausschwemmung.

Umgekehrt lassen sich aber durch gezielte Zinkgaben auch Schwermetalle wieder ausscheiden.

So konnten anläßlich der Diskussionen um den Blei-Bergwerks-Skandal in Arnoldstein der österreichische Ernährungsmediziner Dr. W. Gruber und der Geophysiker HR DDr. D. Sauer aus stichprobenartig durchgeführten Haar- und Vollblutanalysen an der Arnoldsteiner Bevölkerung massiv erhöhte Bleiwerte bei gleichzeitig stark erniedrigten Zinkwerten feststellen. Dr. Gruber behandelt nach eigenen Aussagen schwermetallbelastete Patienten vornehmlich durch Gabe von hochdosierten Zinkpräparaten und durch »antioxidative« Vitamine und Spurenelemente (Selen, Kupfer, Eisen, Vitamine A, C, E).

Was sind die ersten Anzeichen eines Zinkmangels?

Trockene Haut, Haarausfall

Eine klassische Zinkmangelkrankheit ist die sogenannte Akrodermatitis enteropathica, eine Hauterkrankung, die sich in einem schorfbedeckten, schuppigen Hautbild und in Haarausfall äußert. Diese erblich erworbene Zink-Verwertungsstörung kann sehr gut durch Zinkgaben geheilt werden.

So ist verständlich, daß sich auch leichtere Formen des Zinkmangels in dermatologischen Störungen wie trockener, schuppiger Haut, Haarausfall und schlechter Wundheilung äußern.

In diesen Fällen sollte mit dem Hausarzt über eine Änderung der Ernährungs- und Lebensgewohnheiten (Alkohol, Nikotin) diskutiert werden und bei Bedarf auch auf Zinkpräparate zurückgegriffen werden.

Wachstum und sexuelle Reifung verzögert

Bei Heranwachsenden äußert sich eine ernährungsbedingte Zinkunterversorung in Wachstumsverzögerung und verspäteter sexueller Reifung. Eltern von Spätentwicklern sollten ihre Kinder daher vom Hausarzt mittels Haar- und Vollblutanalyse auf den Zinkstatus untersuchen lassen.

Schlechte Wundheilung

Ältere Personen – insbesondere solche mit diabetischer Stoffwechsellage – leiden häufig an verzögerter Wundheilung, in extremen Fällen an offenen Beinen (Ulcus cruris). In diesen Fällen ist die Gabe von Zink geradezu das Mittel zur Wahl.

Anfälligkeit gegen Infektionen

Auch in Fällen geschwächter Abwehrlage sollte an das Spurenelement Zink gedacht werden. Hierbei sollte jedoch nie vergessen werden, daß ein gut funktionierendes Immunsystem von einer Optimal-Versorgung mit **allen** wichtigen Vitaminen und Spurenelementen (insbesondere mit Antioxidantien) abhängt.

Sexuelle Beschwerden

Störungen in den Sexualfunktionen (Beeinträchtigung der Fortpflanzungsfähigkeit, Potenzverluste) sind von der Ursache her meist nur sehr schwer zuzuordnen. Es gilt jedoch heute als sicher, daß Zink in entscheidendem Maße die Aktivität der Keimzellen und die Funktionen der Geschlechtshormone beeinflußt. Ein Rat jedenfalls für kinderlose Ehepaare und zugleich Möglichkeit, durch den Hausarzt den Zinkspiegel untersuchen zu lassen.

EISEN

Der Stoff für eiserne Gesundheit

Blasse, schnell wachsende Kinder und Jugendliche sind in der Schule häufig unkonzentriert. Frauen im Alter zwischen 15 und 50 klagen sehr häufig über Nervosität, Reizbarkeit, über trockene Haut und leiden häufig an Migräne, insbesondere während der Menstruationstage.

Viele ältere Menschen sind antriebslos, depressiv und nehmen ihre zunehmende Vergeßlichkeit als logische Folge des Älterwerdens zur Kenntnis.

Alle diese angeführten Beschwerden hat jeder von uns schon mehr oder weniger intensiv durchgemacht. Müdigkeit, Abgeschlagenheit und Konzentrationsmängel gelten aber für uns nicht als Erkrankungen, sondern scheinen einfach Folgen beruflicher und familiärer Überforderung, Zeichen geistiger und körperlicher Überlastung zu sein.

Daß diese Ansicht nur in den seltensten Fällen zutrifft, und daß wir mangelnde Vitalität, Antriebsarmut und eine erhöhte Infektanfälligkeit nicht fatalistisch hinnehmen müssen, soll uns eine nähere Betrachtung des Mineralstoffes Eisen vor Augen führen:

Warum ist Eisen so wichtig?

Unser Blut als Symbol der Lebenskraft

Galt im Altertum Blässe als vornehm, so kannte man doch schon vor 5000 Jahren im alten Ägypten die stärkende Wirkung von eisenhaltigem Wasser. Die Ärzte und Priester verordneten damals bei Bleichsucht (Anämie) Wasser, welches zum Kühlen von Schmiedeeisen verwendet worden war.

Im Mittelalter gab man blassen, kränklichen Patienten Essig zu trinken, in welchem zuvor für 3 Wochen Eisenfeilspäne angesetzt worden waren. Die Eisenspäne wurden natürlich vor der Trinkkur sorgsam entfernt. Eine äußerst wirksame Therapie gegen die Blutarmut war – wenn auch in geschmacklicher Hinsicht nicht jedermanns Sache – das Trinken von Blut frisch geschlachteter Tiere. Andere Versuche, Eisenmängel auszugleichen, waren das Trinken von eisenhaltigen Weinen (China-Eisenwein) oder das Verzehren von sauren Äpfeln, welche man zuvor für einige Tage mit rostigen Nägeln gespickt hatte. Wenn all diese Maßnahmen heutzutage auch etwas sonderbar anmuten, so waren es doch sehr wirksame Therapieschritte, um chronisch Kranken, jüngeren wie älteren Patienten wieder auf die Beine zu helfen.

Eisen bringt Lebensenergie in unsere Zellen

Jeder von uns weiß, daß eine optimale Versorgung unserer 60 Billionen Körperzellen mit Sauerstoff Voraussetzung ist für optimale Lebenskraft, starke Abwehrkraft und laufende Zellregeneration.

Der lebensspendende Sauerstoff gelangt mit jedem Atemzug in unsere Lunge. Von dort gelangt er in die zahlreichen kleinen Blutgefäße, welche von einer Unzahl roter Blutkörperchen (Erythrozyten) durchströmt werden. Erythrozyten laden mit Hilfe ihrer transportaktiven Komponente Hämoglobin die einzelnen Sauerstoffmoleküle auf und liefern diese, durch den Blutstorm betrieben, an unsere Körperzellen – selbst an den entlegensten Stellen gelegen – ab. Dort wird der Sauerstoff – ähnlich dem Benzin in einem Verbrennungsmotor – zur Gewinnung von Zellenergie zu Kohlendioxid verbrannt.

Die Verbrennungsschlacke Kohlendioxid wird nun wieder auf einen vorbeiströmenden Erythrozyten geladen, über den Blutstrom zur Lunge transportiert und ausgeatmet. Die Hämoglobin-Teilchen in den Erythrozyten nehmen in der Lunge nun erneut Sauerstoff auf und wiederholen somit den Transportvorgang.

Was hat dies alles nun mit Eisen zu tun? Eisen ist ein wichtiger Baustoff des Hämoglobin-Moleküles. Ohne Eisen keine Hämoglobin-Bildung. Ohne Hämoglobin kein Sauerstoff- und Kohlendioxidtransport. Ein gesunder erwachsener Organismus enthält die beträchtliche Anzahl von 25 Billionen (eine Zahl mit 12 Nullen) roter Blutkörperchen. Da jeder funktionsfähige Erythrozyt Hämoglobin und damit Eisen benötigt, leuchtet uns ein, wie wichtig die tägliche Eisenversorgung durch die Ernährung ist.

Der tägliche Eisenbedarf von 1 bis 2 mg, abhängig von Alter, Geschlecht und Lebensumständen, scheint im Vergleich zur großen Zahl der Erythozyten eigentlich gering. Dies deshalb, weil unser Körper mit dem Eisen sehr sparsam umgeht.

Nach einer durchschnittlichen Lebensdauer von 4 Monaten werden nämlich die roten Blutkörperchen wieder abgebaut, das freiwerdende Eisen wird jedoch nur zu einem geringen Teil ausgeschieden und zum Aufbau neuer Erythrozyten im Knochenmark verwendet.

Weitere wichtige Funktionen erfüllt Eisen im Myoglobin, dem roten Farbstoff der Muskelzellen. Auch Myoglobin hat die Funktion des Sauerstofftransportes. Myoglobin ist besonders im Herzmuskel stark angereichert.

Eisen stärkt das Immunsystem

Als Bestandteil von Enzymen tritt Eisen zwar mengenmäßig in den Hintergrund, ist aber deshalb nicht minder wichtig. So stimuliert Eisen z. B. die Bildung von sogenannten T-Lymphozyten, wichtigen Zellen unseres Abwehrsystems.

Müde, abgeschlagen und vergeßlich durch Eisenmangel?

Untersuchungen verschiedener deutscher Universitäts-Frauenkliniken sowie des Institutes für Human-Ernährung und Lebensmittelkunde der Christian-Albrechts-Universität in Kiel aus dem Jahre 1988 ergaben, ebenso wie der letzte Ernährungsbericht der Deutschen Gesellschaft für Ernährung, daß die deutsche Durchschnittsbevölkerung latent mit Eisen unterversorgt ist. Latent bedeutet, daß sich ein Eisenmangel zwar durch Mineralstoffanalysen nachweisen läßt, es jedoch nicht zum Auftreten eindeutig zuordenbarer Krankheitssymptome kommt. Es leuchtet ja auch ein, daß z. B. eine tägliche Eisenzufuhr, welche im Vergleich zu den erforderlichen Mengen nur um 10 bis 20 Prozent vermindert ist, nicht zum Zusammenbruch der Zellatmung oder des Immunsystems führen kann. Eine suboptimale Ernährung reicht aber aus, unseren Zellen so viel Sauerstoff vorzuenthalten, daß wir uns eben lustlos, müde und antriebsarm fühlen. Und liegen wir mit einer bakteriellen Infektion im Bett, so sehen wir die Ursache unserer Grippe eben in der kalten Jahreszeit, statt auch an Eisenmangel zu denken.

Wie komme ich zu meinem täglichen Eisen?

Tierische Innereien (Leber, Niere, Herz), Bierhefe, Fleisch, Fisch, Nüsse und Vollkorngetreide weisen die höchsten Eisengehalte auf. Hierbei ist jedoch zu beachten, daß tierisches Eisen (sogenanntes »Häm-Eisen«) etwa 4- bis 5mal besser verwertet wird als pflanzliches Eisen. Die Aufnahmerate pflanzlichen Eisens liegt nämlich im Durchschnitt nur bei etwa 5 bis 10 Prozent, während tierisches Eisen zu 30 bis 40 Prozent verwertet werden kann. Aus der geringen Verwertungs-Rate des zugeführten Nahrungseisens wird auch verständlich, warum die Empfehlungen für die Eisenzufuhr der Deutschen Gesellschaft für Ernährung (im Vergleich zur tatsächlich benötigten Eisenmenge) scheinbar hoch angesetzt sind:

Empfohlener Eisen-Tagesbedarf:	Milligramm/Tag m	Milligramm/Tag w[4]
Säuglinge[1]		
0 bis unter 4 Monate	6[2]	6[2]
4 bis unter 12 Monate	8	8
Kinder		
1 bis unter 4 Jahre	8	8
4 bis unter 7 Jahre	8	8
7 bis unter 10 Jahre	10	10
10 bis unter 13 Jahre	12	15
13 bis unter 15 Jahre	12	15
Jugendliche und Erwachsene		
15 bis unter 19 Jahre	12	15
19 bis unter 25 Jahre	10	15
25 bis unter 51 Jahre	10	15
51 bis unter 65 Jahre	10	10
65 Jahre und älter	10	10
Schwangere		30
Stillende		20[3]

[1] Ausgenommen Unreifgeborene

[2] Ein Eisenbedarf besteht infolge der dem Neugeborenen von der Plazenta als Hb-Eisen mitgegebenen Eisenmenge erst ab dem 4. Monat

[3] Zum Ausgleich der Verluste während der Schwangerschaft

[4] Nichtmenstruierende Frauen, die nicht schwanger sind oder stillen: 10 mg/Tag

Quelle: Deutsche Gesellschaft für Ernährung: Empfehlungen für die Nährstoffzufuhr, 1991

Jede leidgeprüfte Patientin und jeder Arzt weiß, wie schwer es ist, einen diagnostizierten Eisenmangel durch gezielte Ernährung oder durch Einnahme eisenhaltiger Präparate auszugleichen.

Eisenhaltige Nahrungsmittel zu essen oder Präparate zu schlucken, heißt noch lange nicht, daß das zugeführte Eisen auch vom Körper verwertet wird.

Andere Mineralstoffe (Calcium, Magnesium, Kupfer) können in hohen Dosierungen die Eisenaufnahme hemmen, andere, wie z. B. Zink, fördern sie. Zudem gibt es vor allem in pflanzlichen Nahrungsmitteln Stoffe, wie Phytate und Oxalate, welche das Eisen im Verdauungstrakt so stark binden, daß es nicht in die Blutbahn aufgenommen werden kann. Aus diesem Grunde sollte man (besonders wichtig bei Vegetariern) fermentierte (durch Hefeteig oder Sauerteig aufbereitete) Vollkorn-Nahrungsgerichte unfermentierten Vollkornprodukten wie z. B. Vollkornnudeln oder Kleie vorziehen. Durch den Gärungsprozeß wird nämlich pflanzliches Phytat weitgehend abgebaut und das Eisen dadurch besser verfügbar gemacht.

Teetrinker sollten wissen, daß Tannine die Eisenverwertung stark herabsetzen. Tee sollte daher vorzugsweise nicht während, sondern zwischen den Mahlzeiten getrunken werden.

Interessant ist die neue Erkenntnis, daß das kupferhaltige Enzym Coeruloplasmin den Eiseneinbau in das Hämoglobin-Molekül wesentlich erleichtert. So kann also auch ein nahrungsbedingter Kupfermangel zu einer Eisenverarmung führen. Nicht minder wichtig für eine entsprechende Bioverfügbarkeit des Eisens sind die Vitamine der B-Gruppe, insbesondere Vitamin B12, Vitamin E und die Spurenelemente Jod und Kobalt. Besonders ältere Menschen leiden sehr häufig an Eisenmangel und in der Folge an Vitalitätsverlust und Konzentrationsstörungen. Hier wird Eisen aufgrund zu geringer Magensäurebildung nicht ausreichend in Lösung gebracht und kann in der Folge im Dünndarm über die Schleimhautzellen nicht ins Blut aufgenommen werden. Daher ist solchen Patienten zur Einnahme säurelockender Stoffe, wie Vitamin C, Fruchtsäften (Grapefruit-Saft, Sauermilch, Joghurt) oder einfach eines Löffels Schwedenbitter zu raten. Überhaupt gilt Vitamin C (Ascorbinsäure) als effektivster Stimulator der Eisenverwertung. 50 – 100 mg Vitamin C erhöhen die Eisen-Resorption um das 5- bis 8fache!

Wer benötigt besonders viel Eisen?

Frauen verlieren Eisen durch die Menstruation

Es liegt auf der Hand, daß Frauen im gebärfähigen Alter durch die Menstruation und noch mehr durch die Schwangerschaft einen bedeutend höheren Eisenbedarf haben als Männer. Der monatliche Eisenverlust durch die Regelblutung beträgt im Schnitt 14 bis 28 mg, woraus der erhöhte Eisenbedarf für Frauen verständlich wird.

Ein Neugeborenes erhält über die mütterlichen Eisenspeicher (Knochenmark, Niere, Leber, Milz) etwa 400 bis 500 mg Eisen. Dies entspricht etwa 10 Prozent des Eisengesamtbestandes der Mutter.

Nach einem Bericht der Ernährungsexpertin M. E. Lange-Ernst »haben Schwangere ohne Eisenmangel durchschnittlich eine 8prozentige Frühgeburtenrate, bei mittelschwerem Eisenmangel steigt diese auf 14 Prozent und bei einer offenkundigen Anämie gar auf 42 Prozent an! Das Risiko einer Frühgeburt ist etwa 6mal höher als normal«.

Man kann sich also gut vorstellen, wie sehr der mütterliche Organismus hinsichtlich seines Eisenhaushaltes belastet ist. Es gibt in unseren Breiten daher wohl auch kaum eine werdende Mutter, die nicht von ihrem Gynäkologen während und nach der Schwangerschaft mit einem eisenhaltigen Multi-Mineral-Präparat versorgt wurde.

Hierbei kommt es manchmal zu Unverträglichkeiten wie Übelkeit und Druckgefühl im Magen. Diese an und für sich ungefährlichen Nebenwirkungen sind nicht so sehr auf das Eisen selbst, sondern auf die spezielle Form des Eisensalzes zurückzuführen.

Organische Eisenverbindungen, wie Eisen-Orotat, Eisen-Aspartat oder Eisen-Malat sind prinzipiell besser magenverträglich als anorganische Eisensalze wie z. B. Eisensulfat.

Eisenmangel im Wachstum führt zu Konzentrations- und Kreislaufproblemen

Schnell wachsende Kinder und Jugendliche, hier wieder insbesondere Mädchen, die ins gebärfähige Alter kommen, haben prinzipiell einen höheren Mineralstoffbedarf und benötigen naturgemäß auch mehr Eisen als andere Altersgenossen.

Ältere Menschen verwerten Eisen schlechter

Die Ursache von Eisenmangel älterer Menschen ist häufiger in einer herabgesetzten Magensäureproduktion als in einer unzureichenden Eisenzufuhr zu suchen. Wie bereits erwähnt, kann hier das regelmäßige Trinken saurer Fruchtsäfte und die Einnahme von Vitamin C oft große Hilfe sein, ohne die Nahrung umstellen zu müssen.

Eisen fördert die körperliche Leistung durch optimale Sauerstoffzufuhr

Der Wiener Sportmediziner und Mineralstoffexperte Dr. Wolfgang Gruber verordnet Hochleistungssportlern sehr häufig eisenhaltige Präparate, um das Leistungsniveau zu steigern. Im Gegensatz zu Normalbürgern, welche Eisen hauptsächlich über den Darm ausscheiden, verlieren Hochleistungssportler Eisen in großen Mengen auch über den Schweiß, sodaß sich der tägliche Eisenbedarf eines Spitzensportlers sogar verdoppeln kann. Logisch auch, daß regelmäßiges Blutspenden oder operative Eingriffe, die mit starken Blutverlusten einhergehen, den Eisenbedarf erhöhen.

Was sind die ersten Anzeichen eines Eisenmangels?

Aufgrund eines generellen Sauerstoffmangels sind ein schlechtes Allgemeinbefinden mit Konzentrationsschwäche, Antriebsarmut und verminderter Leistungsbereitschaft häufig sensible Vorboten eines latenten Eisenmangels.

Migräne bei Frauen während der Menstruation kann ebenso durch Eisendefizite verursacht sein. Eingedellte, längsgerillte Fingernägel deuten meist auf eine krassere Eisenunterversorgung hin. Die Blutarmut äußert sich natürlich auch in einem blassen, wächsernen Gesichtsteint und führt nicht selten zu strähnigen Haaren und Haarausfall.

Im Mundbereich zeigt sich das Eisenminus in extrem glatten Lippen, in Mundrissen und in einem herabgesetzten Geschmacksempfinden der Zunge.

In all diesen Fällen wird Ihr Hausarzt durch eine Hämoglobinbestimmung oder durch eine Haarmineralanalyse Ihren Eisenstatus diagnostizieren und problemlos Abhilfe schaffen können.

Eisenvergiftungen durch zu eisenreiche Nahrungsmittel oder eisenhaltige Präparate sind in der Praxis so gut wie unmöglich.

Der gesunde Organismus verhindert bei aufgefüllten körpereigenen Eisenspeichern eine übermäßige Eisenzufuhr über die Dünndarmschleimhaut. Zudem würde der Magen bei zu großer Eisenzufuhr mit Übelkeit und Erbrechen reagieren.

Es gibt jedoch eine angeborene oder durch Medikamenten- oder Alkoholmißbrauch erworbene Eisenspeicherkrankheit (Hämochromatose), bei welcher dieser Aufnahmen-Regulationsmechanismus gestört ist.

In diesen seltenen Fällen kommt es zu braunen Pigmentierungen der Haut und zu krankhafter Eisenanreicherung in Leber und Bauchspeicheldrüse.

KUPFER
Ein biologisches Antirheumatikum

Erkrankungen des rheumatischen Formenkreises zählen neben Herz-Kreislauf-Erkrankungen zu den häufigsten Beschwerdebildern unserer Zeit – und zum größten Kostenfaktor im Haushalt der Sozialversicherungen. Die meisten Arbeitsausfälle, Krankenstände und Frühpensionierungen gehen auf das Konto rheumatischer Erkrankungen und deren Folgen. So ist es kein Wunder, daß die »Gesundheitsindustrie« massive Anstrengungen unternimmt, neue Medikamente und Behandlungsmethoden zur Bekämpfung des rheumatischen Formenkreises zu entwickeln. Aber trotz des enormen Forschungs- und Entwicklungsaufwandes ist es der Pharmaindustrie bis heute nicht gelungen, ein kausales (also die Ursache bekämpfendes) Therapieprinzip für Rheuma anzubieten. Vielleicht liegt dies daran, daß rheumatische Erkrankungen Stoffwechselerkrankungen sind, und daß der Einfluß unserer täglichen Ernährung auf unseren Stoffwechsel bis heute von der Schulmedizin viel zu wenig beachtet wurde.
Denn gerade die moderne Ernährungsmedizin beweist: Das Spurenelement Kupfer spielt eine zentrale Rolle im Ablauf von Entzündungsprozessen.

Warum ist Kupfer so wichtig?

Kupferarmreifen sind mehr als nur obskurer Gesundheitsschmuck

Das Tragen von Armreifen aus Kupfer zur Linderung rheumatischer Schmerzen gilt in konservativen Kreisen heute noch als Marotte esoterischer Sonderlinge. Durch moderne Meßmethoden läßt sich heute jedoch nachweisen, daß Kupfer-Ionen durch die Haut (die ja unser größtes Aufnahmeorgan darstellt) in die Blutbahn gelangen und so lindernd auf Entzündungen einwirken. Auch die Pharmaindustrie macht sich das hohe Resorptionspotential unserer Haut zunutze, indem sie heute schon mit pharmakologischen Wirkstoffen imprägnierte Pflaster anbietet, welche einfach auf die Haut geklebt werden, von wo dann diese Wirkstoffe sukzessive über Stunden oder Tage verteilt in die Blutbahn abgegeben werden. Eine effizientere Methode, leere Kupferdepots wieder aufzufüllen, ist natürlich die Einnahme kupferhaltiger Präparate, oder im Falle leichterer Beschwerden, die gezielte Anreicherung des Speisenplanes mit kupferreichen Nahrungsmitteln (Hülsenfrüchte, Fische, Nüsse, ungeschältes Getreide sowie, mit Vorbehalt, Innereien).

Kupfer hilft auch bei Eisenmangel

Heute weiß wohl jede Mutter, daß eine ausreichende tägliche Eisenzufuhr wichtig für die Blutbildung ihrer Kinder ist. Die verantwortungsbewußte Hausfrau und Mutter wird also dafür sorgen, daß die tägliche Menüauswahl auch eisenhaltige Grundnahrungsmittel enthält. Was viele jedoch nicht wissen: Der Grad der Verwertbarkeit des Nahrungseisens hängt sehr stark vom Kupferbestand des menschlichen Organismus ab. Kupfer ist nämlich Baustein eines lebensnotwendigen Enzymes (Coeruloplasmin), welches die Aufnahme des Eisens in das Blut steuert. Das heißt im Klartext: Leide ich an Kupfermangel, so kann ich auch das Nahrungseisen nicht verwerten und habe damit auch alle Folgeerscheinungen einer Eisenmangelerkrankung (Müdigkeit, Vergeßlichkeit, Depressionen, gestörte Immunabwehr) zu ertragen. An diesem Beispiel sehen wir, daß es nicht sinnvoll ist, das Thema der Spurenelement-Versorgung isoliert zu betrachten, da offensichtlich ein sehr komplexes Zusammenspiel unter den einzelnen Spurenelementen und Mineralstoffen existiert.

Kupfer baut Entzündungsprozesse ab

Ein weiteres wichtiges kupferhaltiges Enzym ist erwähnenswert: Die Superoxid-Dismutase (SOD). Dieses Enzym ist ein Metall-Eiweiß-Molekül mit hohem entzündungshemmenden Potential. Zahlreiche klinische Arbeiten haben bereits nachgewiesen, daß an entzündeten Körperstellen die SOD-Konzentration besonders hoch ist. In diesem Zusammenhang führten Blutuntersuchungen zu der Vermutung, daß im Falle einer entzündlichen Reaktion (Schwellung, Zerrung, Infektion, Tumor) der Kupfer-Spiegel zu hoch sei und Kupfer deshalb aus dem Körper ausgeschwemmt wird. Diese Vermutung war allerdings falsch. Es ist vielmehr so, daß im Falle eines entzündlichen Prozesses die Kupferspeicher aus der Leber mobilisiert werden, um am Ort des Geschehens die Entzündung rascher abklingen zu lassen. Längerdauernde oder chronische entzündliche Reaktionen sind also kupferkonsumierend und nicht Folge einer Kupferüberlastung des Organismus.

Kupfer stärkt die Abwehrlage

Eine nicht unerhebliche Rolle kommt dem Kupfer bei der Bildung körpereigener Abwehrstoffe, sogenannter Immunglobuline, zu. Wenn wir in diesem Zusammenhang auch an andere Spurenelemente wie Selen, Zink, Eisen oder Magnesium denken, so ist also auch in der Immunologie eine isolierte Betrachtungsweise einzelner Spurenelemente nicht angebracht. Vielmehr bedarf es eines Spurenelemente-Cocktails, um optimale Voraussetzungen für unser Immunsystem zu schaffen.

Kupfer fördert die Leistungen des Gehirns

Im Bereich des Zentralnervensystems beeinflußt Kupfer direkt die Bildung und Funktion neurogener Überträgerstoffe. Hier scheinen sich neue Wege aufzutun im Bereich der Behandlung zentralnervöser Erkrankungen, wie z. B. des Morbus Parkinson. In diesem Zusammenhang ein weiteres interessantes Detail: Amerikanische Studien wiesen nach, daß lernschwache Studenten sehr geringe Kupferwerte aufwiesen. Wenn wir daran denken, daß speziell Nüsse sehr kupferreich sind, wird uns auch die Bedeutung des Begriffes »Studentenfutter« besser verständlich.

Mit Kupfer sparen Sie Schmerzmittel ein

Wenn wir uns vergegenwärtigen, daß Kupfer lindernd auf entzündliche Prozesse (Rheuma, Zerrungen, Verstauchungen, Infektionen und Tumore) wirkt, so wird diese Erkenntnis bestärkt durch die Tatsache, daß man durch die Einnahme kupferhaltiger Präparate oder durch gezielten Verzehr kupferhaltiger Nahrungsmittel sensibler auf Schmerzmittel reagiert. Dies ist sicherlich eine erfreuliche Nachricht für alle jene, die auf den regelmäßigen Konsum von Schmerzmitteln angewiesen sind. Personen, die häufig Schmerzmittel einnehmen müssen, sollten jedenfalls durch ihren Hausarzt ihren Kupferspiegel überprüfen lassen. Hierzu eignet sich sehr gut die Kupferbestimmung aus dem Kopfhaar (Haar-Mineral-Analyse).

Kupfer macht schön

Gemeint ist hier nicht die Verwendung kupferhaltiger Schmuckstükke, sondern vielmehr die Tatsache, daß man durch kupferreiche Nahrungsmittel z. T. sogenannte Altersflecken zum Verschwinden bringen kann. Die Pigmentstörungen von Haut und Haaren sind nämlich häufig Folge eines latenten Kupfermangels.

Eine weitere kosmetische Bedeutung hat Kupfer durch seine Eigenschaft, die Elastinbildung des Gewebes zu fördern und damit das Hautbild straffer und jugendlicher erscheinen zu lassen.

Man kann also durch gezielte Auswahl kupferreicher Grundnahrungsmittel Schönheit im wahrsten Sinne des Wortes essen.

Wie komme ich zu meinem täglichen Kupfer?

Laut letztem Bericht der Deutschen Gesellschaft für Ernährung (1992) gelten insbesondere Innereien wie Leber, aber auch Fische, Schalentiere, Nüsse, Kakao und einige grüne Gemüsesorten als besonders kupferreich. Nicht zu unterschätzen ist auch der Kupfergehalt ungeschälten Getreides, insbesondere deshalb, da der tägliche Verzehr von Getreiden mengenmäßig sicherlich um einiges höher ist als der von Kakao oder Nüssen.

Verschiedene Ernährungsberichte geben den durchschnittlichen Kupferbedarf des Erwachsenen mit 1,5 bis 3,0 mg/Tag an. Der Tagesbedarf von Säuglingen bis zu einem Jahr liegt bei 0,4 bis 0,7 mg, der von Kindern von 1 bis 10 Jahren bei 0,7 bis 2,5 mg.

Nicht übersehen werden sollte in diesem Zusammenhang, daß die Spurenelemente Molybdän, Zink und Eisen in der Nahrung die Aufnahme von Kupfer aus Nahrungsmitteln hemmen. Dies sollte besonders bei der Einnahme von hochdosierten (2- bis 3facher Tagesbedarf) Spurenelement-Mischungen beachtet werden. Sollten Sie also gezielt Mineralstoffpräparate einnehmen, so beachten Sie bitte, daß Sie die genannten Spurenelemente nicht gleichzeitig, sondern in Abständen von etwa 4 bis 5 Stunden getrennt einnehmen.

Die sogenannte »therapeutische Breite« des Kupfers ist relativ groß, das heißt, daß Tagesmengen von 2 bis 4 mg Kupfer auch über längere Zeit bedenkenlos eingenommen werden können.

Wer benötigt besonders viel Kupfer?

Kupfer bei Blässe, Blutarmut und Migräne

Sehr häufig sprechen Eisenmangeltherapien auf die regelmäßige Zufuhr von Eisenpräparaten nur sehr schlecht und langsam an. Zum einen läßt sich in diesen Fällen durch Verwendung organischer Eisenpräparate anstelle von anorganischen die Verträglichkeit und daher auch Dosierung des Eisens steigern und verbessern.

Andererseits wird durch zusätzliche Kupferzufuhr (nach Möglichkeit zeitversetzt!) die Verwertbarkeit des Eisens gesteigert.

Kupfer als biologisches Antirheumatikum

Kupfer hemmt Entzündungen und mildert Schmerzen, wahrscheinlich durch Hilfe des Enzymes SOD. Vor allem bei Erkrankungen des rheumatischen Formenkreises spielt daher eine regelmäßige und ausreichende Kupferversorgung eine wichtige Rolle.

Die Mayr-Ärzte Dr. Sander, MR Dr. Rauch und Dr. Worlitschek weisen in ihren Schriften außerdem wiederholt auf die Notwendigkeit einer Entsäuerung des Körpers bei Rheuma hin. Die Bevorzugung basenbildender Lebensmittel (Gemüse, Kräutertees, Vollkorngetreide, Butter, stille Mineralwässer, mäßig Obst, Milch- und Sauermilchprodukte) bei gleichzeitig drastischer Reduktion säurebildender Nahrung (leere Kohlenhydrate, Margarinen, gehärtete Öle, polierter Reis, Fleisch) kann daher – bei gleichzeitig gezielter Zufuhr von Kupfer – wahre Wunder wirken.

Kupfer bei Lernschwäche und mangelnder Konzentration

Für den amerikanischen Facharzt für Psychiatrie, Dr. C. Pfeiffer, zählt Kupfer zu den wichtigsten Stimulantien für den Stoffwechsel des Zentralnervensystems. Auch der österreichische Mediziner Prof. W. Birkmayer setzt Kupfer (und Eisen) in der Behandlung zentralnervöser Erkrankungen ein.

Kupfer als eßbares Kosmetikum

Manche Personen klagen bereits in mittleren Altersperioden über frühzeitige Pigmentierung der Haut (Altersflecken) und vorzeitiges Ergrauen der Haare. Hier kann die regelmäßige Einnahme von

Kupfer häufig Abhilfe schaffen. Außerdem strafft Kupfer auch das Bindegewebe durch Verbesserung der Elastin-Kollagen-Vernetzung und verhindert so ein frühzeitiges Welken der Haut.

Was sind die ersten Anzeichen eines Kupfermangels?

Wie wir zu Beginn dieses Abschnittes gesehen haben, gibt es viele Zusammenhänge zwischen Eisen- und Kupferstoffwechsel. Ein kupferarmer Organismus ist nicht in der Lage, genügend Eisen aus der Nahrung zu verwerten. Somit sind in der Regel Anzeichen eines Eisenmangels, wie z. B. Müdigkeit, Abgeschlagenheit, Depressionen, Blässe sowie ein geschwächtes Immunsystem häufig auch Zeichen eines Kupfermangels.

Auch sollten prinzipiell alle jene Personen, welche an Erkrankungen des rheumatischen Formenkreises leiden, mit ihrem Arzt über den Kupferstatus diskutieren. Oft kann man schon eine erste »Selbstanamnese« durchführen, indem man gedanklich seine Ernährungsgewohnheiten dahingehend überprüft, ob man kupferreiche Nahrungsmittel grundsätzlich eher bevorzugt oder ablehnt. So ist anzunehmen, daß jemand, der prinzipiell Vollwertgetreide, Nüsse, Innereien oder Fischgerichte meidet, mit großer Wahrscheinlichkeit eine mangelnde Kupferversorgung aufweist. Leidet diese Person dann auch noch an den obengenannten Symptomen, so drängt sich ein Gespräch mit dem Hausarzt geradezu auf.

Ein Tip für Personen, deren Haut sogenannte Altersflecken aufweist: Essen Sie kupferreiche Nahrungsmittel!

Auch ein vorzeitiges Ergrauen der Haare kann äußeres Zeichen eines Kupferminus sein, ebenso wie ein schlaffes, welkes Hautbild. Kupfer ist aber auch Hoffnung für eifrige Schüler und Studenten. Kupfer fördert Lernbereitschaft und geistige Konzentrationsfähigkeit. Daß eine Handvoll »Studentenfutter« die konzentrierte Auseinandersetzung mit Lehrbüchern ersetzt, konnte allerdings leider noch nicht bestätigt werden. Dafür fördert sie aber die Freude am Studieren.

SELEN

Ein Spurenelement schützt unsere Zellen vor Alterung und Zerstörung

An der Entdeckungsgeschichte des Spurenelementes Selen zeigt sich deutlich, wie innerhalb einiger Jahrzehnte durch einseitige Interpretation wissenschaftlicher Erkenntnisse aus einem »hochgiftigen, krebserregenden Spurenelement« (damalige Klassifizierung der amerikanischen Lebensmittel- und Arzneimittelbehörde) ein »essentielles«, also lebensnotwendiges Spurenelement mit empfohlenem Tagesbedarf von 50 bis 200 mcg (heute weltweit gültige Definition ebendieser Behörde) werden kann.

Die Ursache dieser paradox anmutenden offiziellen Meinungsänderung ist einfach zu erklären: Durch Untersuchungen bestimmter Personengruppen, welche einer überdurchschnittlich hohen täglichen Selen-Belastung ausgesetzt sind (z. B. Industriearbeiter, welche an ihrem Arbeitsplatz Selenstaub einatmeten, Bewohner extrem selenreicher Gebiete), stieß man auf Vergiftungssymptome (Kopfschmerzen, Schwindel, Müdigkeit, Haarausfall, Hautveränderungen, Nervenschädigungen), die durch übermäßige Selenzufuhr entstanden waren. Nun weiß man aber schon seit Paracelsus, daß es immer die Dosis ist, welche bestimmt, ob ein Stoff zum Gift wird oder die Gesundheit fördert. Im Falle des Selens beschränkte man sich einfach darauf, dieses Spurenelement als giftig zu deklarieren, ohne genauere Untersuchungen durchzuführen.

Etwa 20 Jahre später war die Gesundheitsbehörde gezwungen, ihre Irrmeinung zu ändern. In der chinesischen Region Keshan starben überdurchschnittlich viele Kinder und Jugendliche frühzeitig an Lungenödemen, Herzrhythmusstörungen und an den Folgen der Verhärtung des Herzmuskels. Hatte man jahrzehntelang die niedrige Lebenserwartung der 50 Millionen Menschen aus der Keshan-Region als »genetisch bedingt« eingestuft, so konnte man Ende der 70er Jahre durch großangelegte Analysen nachweisen, daß die Nahrungsmittel der Keshan-Bevölkerung extrem selenarm waren. Durch regelmäßige Gabe von 300 mcg Selen pro Woche an die

Keshan-Bevölkerung konnte die »erblich bedingte Keshan-Sterblichkeit« innerhalb weniger Jahre von 100 auf 0 Prozent gesenkt werden. Mittlerweile wurde auch geklärt, daß die Keshan-Krankheit nicht primär eine Selenmangel-Erkrankung ist, sondern vielmehr durch Infektion mit dem Coxsakie-B4-Virus verursacht wird. Durch regelmäßige Selengaben wurde jedoch das Immunsystem der Keshan-Bevölkerung dermaßen gestärkt, daß das Coxsakie-B4-Virus die Herz- und Nervenzellen nicht mehr schädigen konnte.

Warum ist Selen so wichtig?

Selen schützt alle wichtigen Organe vor Alterung und Verschleiß

In unseren 60 Billionen Körperzellen laufen praktisch während jeder Sekunde abertausende verschiedene Stoffwechselreaktionen ab. So werden Eiweiße, Fette und Kohlenhydrate in den Kraftwerken unserer Zellen (Mitochondrien) zu Energie verbrannt, zu körpereigenen Enzymen und Hormonen auf- und abgebaut, neue Zellen werden gebildet, nicht mehr benötigte Zellbestandteile und Stoffwechselprodukte werden zur Entsorgung freigegeben. Im Rahmen dieser vielfältigen Stoffwechselreaktionen entstehen täglich mehrere Gramm sogenannter freier Radikale und Peroxide. Diese zellulären Stoffwechselprodukte sind äußerst reaktiv und müssen durch sogenannte antioxidative Enzym-Systeme ständig neutralisiert werden, um die körpereigenen Zellen vor einem Angriff zu schützen. Werden die tagtäglich gebildeten Radikale und Peroxide also nicht in ausreichendem Maße neutralisiert, so werden körpereigene, gesunde Zellen von den Radikalen und Peroxiden angegriffen und zerstört. Es kommt zu übermäßigem Zelltod und in der Folge zur Ablagerung sogenannter zellulärer Plaques. Je nachdem, in welchem Organ sich diese Plaques nun ablagern, treten auch entsprechende Funktionsmängel bzw. Organschäden auf: Lebernekrosen, Herzmuskelerkrankungen, arteriosklerotische Veränderungen in den Blutgefäßen, Funktionsschwäche der Immunabwehr, Grauer Star, Nervenerkrankungen.

Das Enzym mit der nach heutigen Erkenntnissen stärksten »antioxidativen« Potenz ist die sogenannte Glutathionperoxidase. Dieses Enzym enthält pro Molekül 4 Selen-Atome, ist also von einer ausreichenden Selen-Versorgung abhängig. Eine tägliche Selen-Zufuhr ist unbedingte Voraussetzung, um einerseits das körpereigene Immunsystem zu schützen, zum anderen, um unsere Körperzellen vor frühzeitiger Alterung und Zelltod zu bewahren.

Wie komme ich zu meinem täglichen Selen?

Nach den bisher veröffentlichten Untersuchungen über das Vorkommen von Selen in Boden, Trinkwasser und Nahrungsmitteln ist anzunehmen, daß die Versorgung der mitteleuropäischen Bevölkerung mit Nahrungs-Selen als unzureichend anzusehen ist.

Deutsche und österreichische Untersuchungen bestätigen gleichermaßen eine durchschnittliche Tageszufuhr von ca. 40 bis 60 mcg Selen der Bevölkerung, woraus sich im Vergleich zu den international empfohlenen Tagesmengen ein Minus von 50 bis 150 mcg Selen pro Person ergibt.

Die amerikanische Gesundheitsbehörde FDA empfiehlt zur Aufrechterhaltung eines optimalen Gesundheitszustandes 50 bis 200 mcg Selen/Tag/Erwachsenem, während sich die Deutsche Gesellschaft für Ernährung (DGE) mit einer Empfehlung von 20 bis 100 mcg Selen/Tag/Erwachsenem begnügt. Für Säuglinge bis zu einem Jahr werden ca. 50 mcg Selen/Tag, für Kleinkinder von 1 bis 6 Jahren etwa 100 mcg Selen/Tag empfohlen.

Nach Angabe verschiedener Lebensmittelanalysen gelten das Muskelfleisch von Rind, Schwein und Schaf sowie die Innereien (Leber, Niere) dieser Tiere als selenreichste Nahrungsmittel. Auch Vollwertgetreide wird als relativ selenreich genannt. Die Problematik dieser Literaturangaben ist jedoch immer darin zu sehen, daß Analysen dieser Art immer nur Durchschnittsangaben darstellen, die sich durch Kontrollanalysen nur selten bestätigen lassen. So ist verständlich, daß Vollwertweizen oder -roggen nur dann Selen beinhalten kann, wenn er auf selenhaltigen Böden gezogen wurde. Ähnlich verhält es sich mit dem Selengehalt verschiedener Fleischsorten: Auch hier ist Selen nur dann im Fleisch nachweisbar, wenn die Tiere mit selenhaltigen Futtermitteln ernährt wurden. Relativ sicher hingegen sind Analysenwerte von Meerestieren, da das Meerwasser in seiner Zusammensetzung konstant ist und auch über die entsprechenden Mengen an Selen verfügt.

Wer benötigt besonders viel Selen?

Selen stärkt das Immunsystem

Im Vordergrund der Selen-Wirkung auf den menschlichen Organismus steht sicherlich der positive Einfluß auf das Immunsystem. In diesem Zusammenhang sei jedoch darauf hingewiesen, daß wir es bei unserem Immunsystem mit einem sehr komplexen Zusammenspiel verschiedenster Organe, Organsysteme, Enzyme, Enzymsysteme und Co-Enzyme sowie mit zahlreichen weiteren Faktoren zu tun haben. Eine ausreichende Säurebildung im Magen, die entsprechende Neutralisation des Verdauungsbreies im Zwölffingerdarm, die Funktionstüchtigkeit der Immunzellen des Dünndarms, eine gesunde Zusammensetzung der bakteriellen Flora im Dickdarm, die optimale Leistungsfähigkeit innerer Organe wie Leber, Bauchspeicheldrüse und Nieren, die blutbildenden Eigenschaften des Knochenmarks ebenso wie eine optimale Alkali-Reserve des Bindegewebes (zur Vermeidung der Ablagerung saurer Stoffwechselschlacken im Körper) – dies alles sind wesentliche Voraussetzungen für ein optimales Funktionieren unseres Immunsystems.

Erst durch das folgerichtige Ineinandergreifen verschiedenster Stoffwechselabläufe in unserem Körper ist gesundes Leben überhaupt möglich. Fällt eine dieser Funktionen, verursacht durch mangelnde Nährstoffzufuhr, übermäßige Schadstoffzufuhr oder andauernde psychische Einwirkungen aus, so wird in der Folge natürlich auch das komplexe Immunsystem geschädigt werden.

Aus dem Gesagten wird deutlich, daß dem Selen im Rahmen des Immunsystems zwar ein fixer, aber dennoch beschränkter Platz zur Stärkung der Immunkraft zugewiesen werden muß. Zu meinen, allein durch die Einnahme von 200 mcg Selen täglich sein Immunsystem optimal geschützt zu haben, ist ebenso töricht, wie auf die Zufuhr von Selen »zu vergessen«, insbesondere während jener Phasen, in denen mit erhöhter Peroxid- und Radikalbildung in unseren Körperzellen zu rechnen ist: So ist eindeutig erwiesen, daß z. B. im Rahmen einer chemotherapeutischen Tumorbehandlung, während einer hochfrequenten Bestrahlung im Rahmen einer Tumortherapie sowie in Zeiten erhöhter UV-Belastung während der Sommermonate (verstärkt durch das vielzitierte Ozonloch) vermehrte Peroxid- und Radikalbildung in den Zellen auftritt. In diesen Situationen wird heutzutage kein ernstzunehmender Mediziner mehr darauf vergessen, »antioxidativen Begleitschutz« durch Selen zu empfehlen. Die Stärkung der Immunkompetenz durch Selen und die Vitamine A, C und E ist also unbestritten, eine Beschränkung auf diese Maßnahmen allein ist jedoch nur Stückwerk.

Selen verhindert frühzeitige Alterung

Da Selen, wie bereits erörtert, die körpereigenen Zellen vor dem Angriff von Peroxiden und Radikalen schützt, beugt eine regelmäßige und ausreichende Selenzufuhr auch einer vorzeitigen Zellschädigung, Zellalterung und frühzeitigem Zelltod vor.

In diesem Rahmen kommt diesem Spurenelement also auch eine große Bedeutung in der Geriatrie zu.

Wie der Wiener Primarius Prof. Dr. F. O. Gruber in einer 1989 veröffentlichten Arbeit ausführte, »hat Selen eine Schutzwirkung bei Umweltschäden besonders durch Schwermetalle, hat Selen eine krebsprophylaktische Wirkung, führt Selen zu einer Stärkung der Immunkompetenz, und es bestehen viele Indizien, daß Selenmangel Alterungsvorgänge beschleunigt«.

Nachdem eine ausreichende Selenversorgung die Ablagerung geschädigter Zellen in Leber, Herz und Blutgefäßen verhindert, scheinen die Ausführungen von Prof. Gruber nur zu verständlich.

Selen – ein Mosaikstein in der Krebsprophylaxe

Interessant in diesem Zusammenhang sind auch einige großangelegte Studien, welche Beziehungen zwischen Krebs-Sterblichkeit und Selengehalten der Böden der jeweils untersuchten Regionen herstellen.

Nach diesen Ergebnissen gibt es deutliche Zusammenhänge zwischen ausreichender Selenversorgung und erniedrigter Häufigkeitsrate von Krebserkrankungen.

Bekannt ist heute auch die Tatsache, daß insbesondere Vitamin E und Selen synergistisch, d. h. verstärkend antioxidativ und damit zellschützend wirken. Dies heißt, daß Vitamin E die Wirkung von Selen unterstützt und umgekehrt, nicht jedoch, daß Vitamin E durch Selen zu ersetzen wäre oder umgekehrt.

Selen schützt auch Herz und Kreislauf

Auch die positive Wirkung des Selens auf das Herz-Kreislauf-System dürfte ihre Hauptursache in der antioxidativen Wirkung der selenhaltigen Glutathionperoxidase haben. Als Beweis sei hier noch einmal vor Augen geführt, daß die ehemals als »genetisch verursachte« Keshan-Krankheit durch Selen-Nahrungsergänzungen zum Verschwinden gebracht werden konnte.

Eine seinerzeit als »erblich bedingte« Erkrankung wurde Gott sei Dank rechtzeitig als nahrungsbedingte Herz-Kreislauf-Erkrankung identifiziert. Wenn die beschriebene Keshan-Krankheit auch nur sekundäre Folge eines Selenmangels war, so wirkt sich eine ausreichende Selenernährung auch direkt auf das Herz-Kreislauf-System aus, indem es der Bildung sogenannter »arteriosklerotischer Plaques« in den Blutgefäßen des Körpers und in den Herzkranzgefäßen vorbeugt.

Selenmangel kann zu Rheuma führen

Eine weitere spektakuläre Selenmangelerkrankung ist die Kashin-Beck-Erkrankung, welche in bestimmten Selen-Mangelgebieten Ostsibiriens und Chinas auftritt. Diese degenerative Erkrankung an Knochen und Gelenken (Osteoarthropathie) entwickelt sich durch ernährungsbedingten Selenmangel und konnte ebenso durch regelmäßige Selengaben geheilt werden.

Mittlerweile gibt es auch in Mitteleuropa erfolgversprechende klinische Studien, welche zum Teil gute Erfolge durch den Einsatz von Selen-Nahrungsergänzungen bei degenerativen Knochen- und Gelenkserkrankungen beweisen, allerdings nicht bei allen Patienten. Dies ist verständlich, da ja Erkrankungen des rheumatischen Formenkreises nur selten auf eine einzige Ursache zurückzuführen sind, sondern multifaktoriell bedingt sind. Daher wird eine Selenzufuhr nur bei jenen Patienten zum Erfolg führen, bei denen Selenmangel die Hauptursache der rheumatisch-degenerativen Erkrankung war.

Selen als biologisches Antikataraktikum

Langzeituntersuchungen ergaben auch positive Ergebnisse in der Vorbeugung von Grauem Star durch regelmäßige Gabe von Selen.

Auch in diesen Fällen dürfte die antioxidative Wirkung des Selens den Abbau und die Ablagerung von Zell- und Stoffwechselprodukten in der Linse verhindern.

Diese Erfolge aus der Praxis werden untermauert durch Gewebsuntersuchungen an Tieren, nach welchen die Augen gut sehender Tierarten (z. B. Rehe) im Vergleich zu jenen schlecht sehender Tiere (z. B. Meerschweinchen) etwa 100mal mehr Selen enthalten. Auch das Auge des Menschen gehört neben den Leber-, Blut- und Haarzellen zu den selenreichsten Geweben.

Perspektiven für die Zukunft

Es gibt noch zahlreiche weitere Untersuchungen, die positive Einflüsse des Selens bei verschiedenen Erkrankungen wie Bluthochdruck, Lebererkrankungen, Immunschwächen, AIDS und anderen Erkrankungen dokumentieren. Hier liegt noch vieles im dunkeln, insbesondere aus der Sicht der Biochemie, da sich die Wirkung des Selens im Organismus nicht nur als Bestandteil der Glutathionperoxidase erklären läßt, sondern in zahlreichen anderen Enzymaktivitäten begründet ist.

Im Sinne der vielfältigen biochemischen Einflüsse, welche das Spurenelement Selen auf unseren Organismus ausübt, ist man versucht, salopp zu behaupten, daß aufgrund der unzureichenden Selenzufuhr über die Ernährung praktisch jeder von uns zusätzliches Selen benötigt.

Demgegenüber gibt es jedoch Untersuchungen, die davon ausgehen, daß sich ein Selen-minderversorgter Organismus sozusagen daran »gewöhnt«, mit diesem Weniger an Selen auszukommen.

Was sind die ersten Anzeichen eines Selenmangels?

Aufgrund der bereits nachgewiesenen biochemischen Wichtigkeit des Selens und seiner antioxidativen Wirkung sowie nicht zuletzt aufgrund zahlreicher endemischer und epidemiologischer Untersuchungen sollten Personen mit reduzierter Immunlage und ältere Menschen mit Herz-Kreislauf-Erkrankungen, Rheumatiker sowie Personen mit eingeschränkter Leberfunktion an Selen-Supplementierungen denken.

Es sei noch einmal erwähnt, daß Selen im Rahmen der erwähnten Erkrankungen einen äußerst effektiven Schutzfaktor darstellt, daß Selen allein für sich betrachtet jedoch sicherlich nicht als Allheilmittel gegen Alles und Jedes betrachtet werden kann.

Zur immer wieder geäußerten Vermutung über die besondere Giftigkeit des Selens ist zu bemerken, daß nach heutigem Wissensstand bei einer zusätzlichen Selen-Einnahme von täglich 100 bis 200 mcg keine negativen Nebenwirkungen zu erwarten sind.

Einnahmemengen, welche über die empfohlenen Tagesbedarfsmengen hinausgehen, sollten jedoch in jedem Fall mit dem Arzt abgesprochen werden.

Weitere wichtige Zusammenhänge zum Thema »Selen · Vitamin E« sind im interessanten Buch »Bio-Selen« des Medizinjournalisten Prof. H. Bankhofer nachzulesen.

CHROM

Der natürliche Blutzucker- und Cholesterinregulator

Der weltweit bekannte Ernährungsmediziner Dr. M. O. Bruker beschreibt in einem seiner interessanten Bücher, »daß Ratten, die nur mit raffiniertem Weißmehl gefüttert werden, innerhalb weniger Wochen sterben, während sie bei Vollkornmehl gesund bleiben. Einen besseren Test und Beweis für die biologische Minderwertigkeit der Auszugsmehle gibt es nicht. Daß die Menschen durch den Auszugsmehlgenuß nicht rasch sterben, sondern nur krank werden, hängt damit zusammen, daß sie außer Brot noch andere Nahrungsmittel zu sich nehmen . . .«

Die deutschen Ernährungsexperten von Koerber, Männle und Leitzmann veröffentlichten 1989 eine Statistik, nach der in der Bundesrepublik Deutschland seit den Nachkriegsjahren der Anteil von Auszugsmehlen an der gesamtdeutschen Mehlherstellung von 20 Prozent auf ca. 90 Prozent anstieg.

Ähnlich dürfte sich die Situation in der Schweiz und in Österreich darstellen.

Obwohl Lebensmittelindustrie und Gesundheitsbehörden wissen, daß durch das Raffinieren (Entfernung von Keim und Schale) von Getreide Vitamin- und Mineralstoff- bzw. Spurenelementverluste von bis zu 90 Prozent nachweisbar sind, wird munter weiter produziert. Nach Bruker »erkrankt der Durchschnitt der Bevölkerung schon etwa 25 Jahre vor dem Tod an einem ernährungsbedingten Zivilisationsleiden, das dann später oft zur Todesursache wird«.

Der fatal hohe Konsum kalorienreicher, jedoch vollkommen wertloser Weißmehl- und Graumehl-Produkte ist sicherlich eine der Hauptursachen für die Entstehung von Karies, Zuckerverwertungsstörungen, hohen Cholesterinspiegeln und in der Folge von Herz-Kreislauf-Erkrankungen. Bruker macht dafür insbesondere das Fehlen der Vitamine A, B-Komplex und E sowie der Minerale Kalium, Calcium und Eisen verantwortlich.

Heute wissen wir, daß vor allem das Spurenelement Chrom eine zentrale Funktion in der Energieverwertung (Zuckerstoffwechsel) und in der Cholesterinbildung ausübt. Besonders krass ist der Einfluß unserer täglichen Ernährung auf unsere Gesundheit ersichtlich, wenn wir uns vor Augen halten, daß Auszugsmehle nur mehr 10 Prozent des Chromgehaltes von Vollwertmehlen enthalten, weißer Zucker im Vergleich zu rohem Rüben- oder Rohrzucker gar 0 Prozent, also nichts mehr.

Warum ist Chrom so wichtig?

Chrom hilft, den Blutzucker abzubauen

Etwa die Hälfte unseres täglichen Kalorienbedarfs wird heute durch den Verzehr von Kohlenhydraten gedeckt. Zum überwiegenden Teil werden diese Kohlenhydrate (Stärke und Zucker) zu Energie verbrannt. Dabei wird mit Hilfe des körpereigenen Hormons Insulin der Blutzucker in die Zellen dirigiert und dort in intrazellulären Kraftwerken (Mitochondrien) mit Hilfe von Enzymen über komplizierte biochemische Schritte zu Wasser, Kohlendioxid und Energie verbrannt. Voraussetzung für ein Funktionieren dieser Verbrennungsvorgänge – bei ausreichender Existenz der zellinneren Enzym-Systeme – ist die Fähigkeit der Blutzucker-Moleküle, dazu in das Zellinnere zu gelangen. Dies besorgt das in der Bauchspeicheldrüse gebildete Hormon Insulin in Zusammenarbeit mit dem sogenannten Glucose-Toleranz-Faktor (GTF), welcher chromhaltig sein dürfte. Bekanntlich ist beim sogenannten jugendlichen Diabetes (Typ-I-Diabetes) die Bauchspeicheldrüse nicht oder nur unzureichend in der Lage, bei einem Blutzuckeranstieg genügend Insulin zu produzieren. Diese Erkrankung, welche früher unweigerlich zum Tod geführt hat, ist heute Gott sei Dank durch die Injektion von insulinhaltigen Präparaten gut kontrollierbar.

Anders verhält es sich hingegen beim sogenannten Diabetes-Typ II (früher Altersdiabetes), bei dem trotz ausreichender Insulinbildung der Blutzuckerspiegel erhöht ist, weil die Körperzellen offensichtlich nur einen Teil des Zuckerangebotes aufnehmen. Bei dieser Stoffwechselstörung hat sich in verschiedenen medizinischen Studien gezeigt, daß durch die tägliche Einnahme von 200 mcg organischen Chroms über einen Zeitraum von 4 bis 8 Wochen bei etwa

70 bis 80 Prozent der Personen der Blutzuckerspiegel auf normale Werte einpendelt. Dies gilt gleichermaßen für erhöhte wie für erniedrigte Blutzuckerspiegel, während Personen mit normalen Blutzuckerwerten auf Chrom-Zufuhr keine Reaktionen zeigen.

Wir müssen uns also in diesem Zusammenhang vor Augen halten, daß eine zum großen Teil kohlenhydratreiche Ernährung ein reibungsloses Funktionieren des Zuckerstoffwechsels erfordert. Dieses reibungslose Funktionieren ist jedoch an eine tägliche Chromzufuhr von 50 bis 200 mcg gebunden und von ihr abhängig.

Halten wir uns dagegen die völlig unzureichenden Chromgehalte unserer meistverwendeten Kohlenhydrat-Nahrungsmittel (Brot und Backwaren, Süßigkeiten aller Art, gesüßte Limonaden) vor Augen, so wird uns wieder einmal bewußt, welche langfristigen Schäden an der Volksgesundheit durch industrielle Lebensmittelverarbeitung entstehen können.

Chrom senkt erhöhte Cholesterin- und Triglyceridwerte

Ähnliche Effekte wie auf den Blutzucker zeigt Chrom auch auf die Cholesterol- und Triglyceridwerte des Blutes. Über die Beeinflussung cholesterolerzeugender Enzyme werden bei ausreichender Chromzufuhr die Gesamtcholesterolwerte des Blutes umso stärker gesenkt, je höher die Ausgangswerte waren.

So konnte der amerikanische Mediziner Doisy in einer eindrucksvollen Studie an seinen Patienten die Cholesterolwerte um durchschnittlich 54 mg/100 ml senken, wenn die Ausgangswerte zuvor mehr als 250 mg/100 ml betrugen. Diese signifikante Gesamtcholesterinsenkung ging mit einer gleichzeitigen Erhöhung des HDL-Cholesterins einher, welches bekanntermaßen sehr wichtig ist.

Kalorien zählen ist zu wenig – Chrom beeinflußt das Körpergewicht

Die ausgleichenden Effekte des Spurenelementes Chrom auf Blutzucker, Cholesterol und Triglyceride konnten auch durch eigene Untersuchungen, welche unter der Leitung des österreichischen Ernährungsmediziners Dr. W. Gruber in Zusammenarbeit mit sieben niedergelassenen Ärzten an 77 Patienten durchgeführt wurden, bestätigt werden: Bei 70 bis 80 Prozent der Untersuchten wurden nach sechswöchiger Einnahme von täglich 200 mcg Chrom-GTF die Blutzucker-, Cholesterol- und Triglyceridwerte normalisiert (ohne daß die Patienten ihre üblichen Ernährungsgewohnheiten geändert hätten!).

An diesen ernährungsmedizinischen Erkenntnissen wird uns deutlich, daß es sinnlos, ja sogar gefährlich ist, Reduktionsdiäten nur in bezug auf ihre Energiegehalte, also in Kilokalorien (kcal) zu bewerten.

Jemand, der an erhöhten Blutzucker-, Cholesterol- oder Blutfettwerten zu leiden hat, wird durch »kalorienbewußte Ernährung« seinem Körper zwar weniger Nahrungsenergie zuführen, zugleich aber auch viel zu wenig Nahrungs-Chrom und damit seine Beschwerden auch nicht ursächlich lindern können.

Wie komme ich zu meinem täglichen Chrom?

Die sinnvollste Möglichkeit, die tägliche Versorgung mit Nahrungs-Chrom zu überprüfen, ist die sogenannte »duplicate plate technique« (bei dieser Untersuchungsmethode werden sämtliche von einer Person im Laufe eines Tages konsumierten Speisen und Getränke in doppelter Menge angerichtet).

Wird nun die eine Hälfte der Speisen und Getränke vom Patienten konsumiert, wird die zweite Hälfte im Labor auf Vitamine oder Spurenelemente, in diesem Falle auf Chrom, analysiert.

Der amerikanische Ernährungsmediziner Dr. Richard A. Anderson kam bei einer derartigen Untersuchung zu dem Ergebnis, daß aufgrund der heute üblichen Ernährungsgewohnheiten 90 Prozent (!) der untersuchten Personen im Durchschnitt nur etwa 33 mcg Chrom täglich über die Nahrung zuführen.

Hierin scheint sich ein Angelpunkt in der Entstehung von Herz-Kreislauf-Erkrankungen (hohe Blutzucker-, Cholesterin- und Blutfettwerte gelten ja als deren größte Risikofaktoren) zu zeigen.

Eines der chromreichsten Nahrungsmittel ist Brauhefe (Bierhefe). Die Entdeckung des chromhaltigen Glucose-Toleranz-Faktors (GTF) im Jahre 1959 durch die beiden Wissenschafter Mertz und Schwarz beispielsweise war durch Hefe-Untersuchungen gelungen.

Pilze, Rosinen, Nüsse und Spargel sind weitere chromreiche Grundnahrungsmittel. So dürfte die häufig propagierte schlankmachende Wirkung des Spargels auch auf dessen hohe Chromgehalte zurückzuführen sein, da ja Chrom die Zuckerverbrennung fördert und Cholesterin und Blutfette senkt.

Auch der regelmäßige Genuß von Früchten, Obst und Gemüsen ist äußerst empfehlenswert, vorausgesetzt, es handelt sich hierbei nicht um Treibhaus-Produkte, deren Hydrokultur-Böden praktisch kein Chrom enthalten. Auf die qualitativen Unterschiede zwischen Auszugsmehlen und Auszugszucker im Vergleich zu deren Ausgangsstoffen wurde bereits hingewiesen. So wissen wir heute, daß ein erhöhter Konsum von Zucker und Kohlenhydraten einen Mehrbedarf an Chrom verursacht. Daß der statistische Mehrverbrauch an Zucker und Kohlenhydraten sich jedoch vorzugsweise aus chromarmen Nahrungsmitteln zusammensetzt, erscheint nach unserem heutigen Wissensstand bedenklich.

Wer benötigt besonders viel Chrom?

Chrom hilft in 70 bis 80 Prozent der Zuckerstoffwechsel-Störungen

Nach unserem heutigen Wissen können wir davon ausgehen, daß 70 bis 80 Prozent aller (nicht-insulinpflichtigen) Diabetiker an Chromdefiziten leiden. Oder, wie es der anerkannte Diabetes-Spezialist Dr. R. A. Anderson formuliert: »Die Glucose-Intoleranz ist ein Beispiel einer Erkrankung, welche zwar nicht spezifisch für einen Chrommangel spricht, aber im Falle eines Chromdefizites tritt immer Glucose-Intoleranz auf. Glucose-Intoleranz ist also nicht spezifisch für Chrommangel, aber Chrommangel ist spezifisch für Glucose-Intoleranz. Es gibt keine einzige humanmedizinische Untersuchung, welche Zeichen und Symptome eines Chrommangels aufzeigt, welche nicht zugleich auch eine Störung im Zuckerstoffwechsel aufzeigt.« Anders gesagt wissen wir heute, daß erhöhte (aber auch erniedrigte) Blutzuckerspiegel sehr häufig (in 70 bis 80 Prozent der Fälle) auf Chromzugaben ansprechen. Dies heißt aber nicht, daß die Entstehung eines Typ-II-Diabetes ausschließlich auf Chromdefizite zurückzuführen ist. So ist heute bekannt, daß neben dem Spurenelement Chrom auch die Vitamine des B-Komplexes, der Mineralstoff Magnesium sowie die beiden Spurenelemente Zink und Mangan für ein reibungsloses Funktionieren des Zuckerstoffwechsels notwendig sind.

Chrom schützt vor Infarkt

Personen mit erhöhten Cholesterol- und Triglyceridwerten im Blut sind die zweite große Gruppe, die auf regelmäßige und ausreichende Chromzufuhr häufig sehr gut anspricht. In diesem Zusammenhang sollte uns bewußt sein, daß Cholesterol prinzipiell für unseren Körper lebensnotwendig ist und als Vorstufe für die Bildung lebensnotwendiger Hormone benötigt wird. Aufgrund der intensiven Berichterstattung in den Medien entsteht allerdings der Eindruck, daß Cholesterin prinzipiell schädlich sei, was nicht den Tatsachen entspricht. Die Weltgesundheitsorganisation WHO empfiehlt für gesunde Erwachsene eine Konzentration des Gesamt-Cholesterols im Blut von unter 200 mg/100 ml und des »guten« HDL-Cholesterols von über 50 mg/100 ml. Da nur 5 bis 10 Prozent des Blutcholesterols aus der Nahrung stammt, der überwiegende restliche Teil jedoch in unserem Körper selbst produziert wird (Leber, Darmschleimhäute), bringt die Vermeidung cholesterinreicher Nahrungsmittel keinesfalls die Erfolge, die wir vermuten würden. So konnte der Ernährungsmediziner Dr. Olson eindeutig nachweisen, daß der tägliche Verzehr von 6 Eiern (entsprechend ca. 1800 mg Cholesterin) über 10 Wochen keinen statistisch signifikanten Einfluß auf die Serumcholesterin-Konzentration ausübt, wenn zugleich genügend ungesättigte Fettsäuren mit der Nahrung zugeführt werden. Auch andere Wissenschafter konnten inzwischen beweisen, daß es keine direkte Korrelation zwischen Nahrungscholesterin und Blutcholesterin gibt. Ein gestörter Cholesterinstoffwechsel dürfte also doch vielmehr eine endogene, also im Organismus selbst liegende Stoffwechselerkrankung sein, neben anderen Faktoren sicherlich zu einem großen Teil verursacht durch eine mangelnde Versorgung mit Nahrungschrom und durch Übersäuerung.

Nachdem erhöhte Blutzucker-, Cholesterol- und Triglyceridwerte zu den bedeutendsten Risikofaktoren für das Entstehen von Herz-Kreislauf-Erkrankungen, Herzinfarkt und Schlaganfall zählen, kommt dem Spurenelement Chrom in diesem Zusammenhang sicherlich größere Bedeutung zu als bisher vermutet.

Was sind die ersten Anzeichen eines Chrom-Mangels?

Erhöhte Blutzuckerwerte, insbesondere bei ausreichender Insulinproduktion der Bauchspeicheldrüse, sind sehr häufig auf mangelnde Chromversorgung durch die Nahrung zurückzuführen.

Hier empfiehlt sich die Änderung der Ernährungsgewohnheiten mit Bevorzugung von Grundnahrungsmitteln wie Obst, Gemüse, Vollwertgetreide, Nüssen, Spargel und die regelmäßige Einnahme von Bierhefe.

Wie bei Mineralstoff- und Spurenelementdefiziten zu erwarten, ist auch im Falle von Chrom-GTF Geduld angesagt: Man kann nicht erwarten, durch Änderung der Ernährungsgewohnheiten innerhalb weniger Tage positive Effekte auf das Stoffwechselgeschehen zu erzielen. Die Erfolge lassen sich jedoch beschleunigen, indem man über einige Monate Nahrungsergänzungen mit standardisiertem Gehalt an organischem Chrom-GTF zusätzlich einnimmt. Dabei sollte man, ähnlich wie bei anderen Mineralstoffpräparaten, solchen mit organischem Chrom (Chrom-GTF ist vermutlich eine Komplex-Verbindung von Chrom mit Aminosäuren) den Vorzug geben.

Auch zu niedrige Blutzuckerwerte, welche sich in Müdigkeit und Abgeschlagenheit äußern, sprechen auf Chromzugaben meist sehr gut an. Diese Form der Glucose-Stoffwechselstörung kommt allerdings sehr viel seltener vor.

Überhöhte Gesamtcholesterinwerte bei gleichzeitig erniedrigtem HDL-Cholesterin und erhöhte Blutfettwerte belasten unser Herz-Kreislauf-System sehr stark. Längerfristig führen diese erhöhten Werte, wenn sie auch subjektiv nicht als lästig oder krankmachend empfunden werden, zu verfrühter Arteriosklerose, Bluthochdruck, gestörter Mikrozirkulation in den feinen Blutkapillaren und in letzter Folge zu Schlaganfall und Herzinfarkt.

Auch hier muß wieder gesagt werden, daß eine »kalorienbewußte« Ernährung alleine ohne Rücksichtnahme auf die »Vitalstoff-Qualität« der Nahrungsmittel meist sinnlos ist. Oft wundern sich Personen, daß sie trotz »kalorienarmer Diät« und disziplinierten Eßverhaltens keine Verbesserung ihrer Blutwerte erzielen können und gehen dann in der Folge wieder enttäuscht auf ihre alten

Eßgewohnheiten zurück. Der Wiener Mineralstoff-Experte Dr. W. Gruber konnte dagegen nachweisen, daß diverse »Diätvorschläge zur Senkung von Blutzucker und Cholesterol« aufgrund der ungeschickten Nahrungsauswahl und aufgrund der zu diesem Zwecke verminderten Kalorienzufuhr nur 25 mcg (!) Chrom pro Tag enthalten, obwohl gerade diese Personengruppe einen Chrombedarf von etwa 200 mcg täglich nötig hätte!

In einer vom amerikanischen Landwirtschaftsministerium in Auftrag gegebenen Studie konnte nachgewiesen werden, daß unter starker körperlicher Belastung (10-Kilometer-Lauf) die Chromausscheidung über den Urin stark erhöht ist.

Nachdem Chrom für einen normalen Glucose- und Fettstoffwechsel als lebensnotwendig angesehen wird, ist anzunehmen, daß sich auch die körperliche Leistungsfähigkeit von Sportlern durch regelmäßige Chromzufuhr steigern läßt.

Nahrungsmittelvergiftungen durch dreiwertiges Chrom (von dem hier immer die Rede ist) kommen praktisch nicht vor. Wenn wir öfters von der krebserregenden Wirkung von Chrom lesen, so ist damit sechswertiges Chrom gemeint, welches in Industrieabwässern, Schlacken und Abfällen von Gerbereien, der Foto- und Textil-Industrie vorkommt und damit Böden, Flüsse und Trinkwasser belastet.

Außerdem sind verschiedenste Chromuntersuchungen älteren Datums in Zweifel zu ziehen, weil die gefundenen Chromwerte durch Verwendung rostfreier Analysenbehälter und Instrumente (welche ca. 18 Prozent Chrom enthalten) verfälscht wurden.

Die Spurenelemente Mangan, Molybdän, Lithium, Zinn, Nickel, Vanadium, Silizium und Germanium – 8 Spurenelemente im Prüfstadium

Die Mengen- und insbesondere die Spurenelementforschung weist heute noch eine verhältnismäßig kurze Geschichte auf. Dies zum einen deshalb, weil es erst seit Anfang der 70er Jahre möglich ist, durch neue analytische Meßtechniken genaue und reproduzierbare Analysen-Ergebnisse zu erhalten. Zum anderen ist der Einfluß jedes einzelnen Mineralstoffes und Spurenelementes ja nicht auf eine einzelne Stoffwechselreaktion beschränkt, sondern vielmehr außerordentlich vielfältig.
Dazu kommen noch fördernde (synergistische) und hemmende (antagonistische) Wechselwirkungen mit anderen Mineralstoffen, Spurenelementen, Vitaminen und Enzymsystemen. So bleiben die medizinischen Erfahrungen mit den folgenden 8 Spurenelementen – mehr noch als die mit den bereits beschriebenen – vorerst noch Einzelergebnisse, welche noch nicht ihren endgültigen Platz im großen Mosaikbild »Mengen- und Spurenelemente« erlangt haben.

MANGAN

Die Deutsche Gesellschaft für Ernährung gibt in ihrem letzten Ernährungsbericht 1992 den Gesamt-Manganbestand eines erwachsenen Menschen mit 10 bis 40 mg an. Dies ist relativ wenig im Vergleich zum empfohlenen Tagesbedarf von 2 bis 5 mg. Es ist daher anzunehmen, daß der menschliche Körper nur über geringe Speichermöglichkeiten für das Spurenelement Mangan verfügt.

Verschiedene medizinische Untersuchungen deuten darauf hin, daß Mangan den Einbau zugeführten Nahrungscalciums in Knochen und Zähne fördert. Diese Annahme konnte bereits durch einzelne Erfahrungsberichte über die Behandlung schlecht heilender Knochenbrüche und therapieresistenter Osteoporosen bestätigt werden. So wies z. B. eine texanische Medizinergruppe an 40 Frauen im Alter zwischen 56 und 82 Jahren nach, daß der Mangangehalt osteoporosegeschädigter Knochen im Durchschnitt um 29 Prozent geringer war als der vom Knochengewebe Nichterkrankter. Dies, obwohl die tägliche durchschnittliche Calciumzufuhr über die Nahrung annähernd vergleichbar war, während die Osteoporosegruppe weniger Nahrungsmangan zu sich nahm.

Der Wiener Ernährungs- und Sportmediziner Dr. W. Gruber stellte durch über 7000 Vollblut- und Haarmineralanalysen fest, daß die Manganversorgung der Bevölkerung ähnlich unzureichend ist wie die mit Selen. Dr. Gruber macht die mangelnde Manganzufuhr vor allem für die Entstehung rheumatischer Erkrankungen (Mangan ist Bestandteil des entzündungshemmenden Enzymes SOD) und von Allergien verantwortlich. Tatsächlich verbessert sich bei Rheumatikern durch tägliche Manganzufuhr von 5 bis 10 mg nach einigen Wochen die häufig auftretende, schmerzhafte »Morgensteifigkeit«. Allergische Hauterkrankungen sprechen ebenso sehr gut auf Mangangaben an, insbesondere wenn Mangan mit Beta-Carotin, Zink, Kupfer, Eisen und Selen kombiniert verabreicht wird.

Während eines Vortrages im März 1990 in Wien referierte der Wiener Mediziner Dr. R. Lietha über den Einsatz von Mangan bei Kindern. Dr. Lietha erwähnte in diesem Zusammenhang, daß an seiner Klinik mit Mangan zum Teil dramatische Erfolge bei bestimmten Formen der Kinder-Epilepsie erzielt werden konnten.

Histologische Untersuchungen an Blutgefäßen von Diabetikern ergaben, daß die Gefäßzellen von Zuckerkranken im Vergleich zu Normalpersonen deutlich weniger Mangan enthielten. Tatsächlich scheint dem Spurenelement Mangan neben Magnesium, Chrom und Zink eine Schlüsselfunktion im Kohlenhydratstoffwechsel zuzukommen.

Überdosierungen mit Mangan in den angegebenen Mengen sind auch bei längerdauernder Einnahme nicht zu erwarten. Schädigende Einflüsse sind erst bei Einnahmen der 50fachen Tagesdosierung über längere Zeit nachweisbar. Unter solch hohen Manganbelastungen kommt es zu einer überdurchschnittlichen Kupfer-Ausschwemmung, ebenso ist die Aufnahme von Eisen, Phosphor, Kalium und Magnesium blockiert. Manganvergiftungen äußern sich in übermäßigem Zittern (Tremor) und in parkinsonähnlichen Erscheinungen.

Als besonders manganreich gelten schwarzer Tee, Buchweizen, Nüsse, Bierhefe, Bananen, grüne Blattgemüse, Leber, Sonnenblumenkerne und Haferflocken.

MOLYBDÄN

Die Untersuchungen des Spurenelementes Molybdän beschränken sich zur Zeit noch auf biochemische Details. So wurde z. B. festgestellt, daß Molybdän ein Hauptbestandteil des eisenhaltigen Enzymes Xanthinoxidase ist, welches im Harnsäurestoffwechsel eine wichtige Rolle spielt. Molybdän aktiviert aber auch andere Enzyme, sodaß es auch lebenswichtige Funktionen im Rahmen des Immunstoffwechsels und in der Zellatmung besitzt.

Untersuchungen an Tieren mit Molybdän-Mangelernährung zeigten, daß unter Molybdän-Defizit der Harnsäurespiegel anstieg. Ähnliche Beobachtungen konnten auch an Menschen gemacht werden. Umgekehrt kann es bei massiver Molybdänzufuhr ebenso zu gichtähnlichen Symptomen kommen. In diesem Zusammenhang sollte prinzipiell festgestellt werden, daß Gicht, also ein erhöhtes Auftreten kristallisierter Harnsäure im Serum und an den Gelenken immer dann auftritt, wenn der Organismus übersäuert ist. Daher haben sich in der erfolgreichen Behandlung von Gicht Molybdän-Kuren mit Gemüsesäften zur Säure-Ausschwemmung bestens bewährt.

Es wurde berichtet, daß Kinder aus Gebieten mit molybdänreichem Trinkwasser seltener an Karies leiden. Molybdän scheint also offensichtlich den Fluorid-Einbau in die Zähne zu fördern.

Der Wiener Mediziner Dr. Wagner nennt Impotenz und Unfruchtbarkeit als klassische Folgen von Molybdänmangel. Ebenso scheint nach seinen Angaben Molybdän eine wichtige Rolle in der Krebsvorbeugung zu spielen. Die Molybdänforschung wird in den nächsten Jahren also noch sicherlich viel Interessantes an den Tag bringen. Die DGE gibt als täglichen Molybdänbedarf 75 – 250 mcg an. Der bekannte Wiener Labormediziner Prof. Jörg Birkmayer beziffert den Molybdäntagesbedarf mit 500 mcg.

Die bereits erwähnten Molybdän-Überdosierungen treten erst bei extrem hohen Molybdänzufuhren von 10.000 bis 15.000 mcg (10 – 15 mg) täglich über Wochen auf.

LITHIUM

Das Leichtmetall Lithium gehört sicherlich zu den Mineralstoffen mit großer Zukunft. Konnte man während der Jahrhundertwende feststellen, daß Menschen in Gebieten mit lithiumreichem Trinkwasser prinzipiell besserer Laune waren (was sich auch in einer niedrigeren Selbstmordrate in diesen Gebieten niederschlug), so wird Lithium seit den 70er Jahren in relativ hoher Dosierung (1 bis 2 g täglich) erfolgreich zur Behandlung manisch-depressiver Personen eingesetzt. Neuere, vielversprechende Untersuchungen zeigen jedoch auf, daß Lithium – in der viel geringeren Dosierung von 100 bis 200 mcg täglich – verschiedenste Bereiche des Immunsystems stimuliert. So wird unter Lithiumzufuhr die Zahl der krebshemmenden Leukozyten, Granulozyten und Makrophagen erhöht bzw. deren Verminderung im Rahmen konventioneller Krebstherapien (Chemotherapie, Bestrahlung) blockiert.

Die Einnahme lithiumhaltiger Präparate ohne ärztliche Aufsicht ist allerdings äußerst gefährlich, da sich Lithium im Organismus sehr schnell anhäuft und dadurch aus einer therapeutischen Konzentration sehr bald eine lebensgefährliche werden kann.

NICKEL

Das Spurenelement Nickel gehört bis heute zu den am schlechtesten dokumentierten Mineralstoffen. Allgemein bekannt sind lediglich Nickelallergien, welche meist durch Verwendung von Modeschmuck hervorgerufen werden. Dabei handelt es sich um eine Kontaktallergie gegenüber metallischem Nickel.

Die tägliche Nickelaufnahme durch die Ernährung dürfte bei 100 bis 1000 mcg liegen. Was eine Unter- bzw. Überversorgung mit Nickel für unsere Gesundheit bedeutet, ist bis heute nicht geklärt.

ZINN

Auch Zinn ist, ähnlich wie Nickel, noch wenig erforscht. Nach biochemischen Untersuchungen spielt Zinn eine stimulierende Rolle auf die Salzsäureproduktion der Magendrüsen. Im Vordergrund stehen jedoch heute noch Zinnvergiftungen, welche durch allzu häufigen Konsum von Konservennahrung verursacht werden. Konservendosen sind nämlich meist zinnhaltig. Aus diesem Grund sollten zinnhaltige Konserven möglichst umgehend aufgebraucht werden.

VANADIUM

Das Spurenelement Vanadium kommt in hohen Konzentrationen in pflanzlichen Ölen wie Maiskeimöl, Sojabohnenöl und Olivenöl vor.

Ob das Vanadium neben den ungesättigten Fettsäuren dieser Öle für die blutdruck- und cholesterinsenkende Wirkung von Pflanzenölen verantwortlich ist, muß erst durch Untersuchungen bestätigt werden.

SILIZIUM

Das Spurenelement Silizium, Hauptbestandteil der Kieselerde, wird in Verbrauchermedien meist für »Haut, Haare und Nägel« angepriesen.

Tatsächlich macht regelmäßige Siliziumzufuhr das Hautbild elastischer, da Kieselerde ein struktureller Bestandteil des Bindegewebes ist. Außerdem wird durch die Anwesenheit von Silizium der Aufbau des Collagens stimuliert.

Mitte der 80er Jahre konnte die kalifornische Labormedizinerin Dr. E. N. Carlisle nachweisen, daß eine ausreichende Siliziumzufuhr die Mineralisierung von Knochengewebe fördert.

Aus dieser Untersuchung wird wiederum deutlich, daß es sich z. B. bei der Osteoporose um ein äußerst vielschichtiges Geschehen handelt und es nicht ausreicht, sich auf die Zufuhr von Calcium, Östrogen oder Fluorid zu beschränken, um entsprechende Erfolge zu erzielen.

Silizium ist auch Strukturbestandteil des Keratins, also jener Eiweiß-Komponente, die im Aufbau von Haaren und Nägeln vorherrschend ist. Dr. Carlisle verweist darauf, daß dem Silizium also sowohl enzymstimulierende als auch eine wichtige strukturgebende Bedeutung zukommt und daß der Siliziumgehalt von Blutgefäßen, Haut- und Haarzellen vor allem im fortschreitenden Alter abnimmt.

Eine zusätzliche Zufuhr von Kieselerde scheint also insbesondere in der zweiten Lebenshälfte empfehlenswert, um Alterungsprozesse an Haut, Haaren und Knochen zu verzögern.

Interessanterweise gibt es bis heute noch keine offiziellen Richtlinien zur optimalen Tagesdosierung von Silizium.

Eine gesundheitsschädigende Wirkung kieselerdehaltiger Präparate in den angebotenen Dosierungen von 200 bis 1000 mg ist jedoch nicht zu befürchten.

GERMANIUM

Das Spurenelement Germanium wurde Anfang der 60er Jahre von dem japanischen Ingenieur K. Asai als Immunstimulator und Interferon-Aktivator »entdeckt«. Dies führte zur Entwicklung von »Germanium 132« (Bis-carboxyäthyl-Germanium-sesquioxid), so daß in Japan und in den USA mit Germanium-132-Präparaten ein regelrechter Verkaufsboom ausgelöst wurde.

Mittlerweile ist die allgemeine Germanium-Euphorie wieder abgeflaut, insbesondere, da es durch die Einnahme von hochdosierten Germanium-Präparaten bei einigen Patienten zu Nierenschäden mit tödlichem Ausgang gekommen ist. Ob diese Unfälle auf die hohe Dosierung oder auf labortechnisch verunreinigte Germanium-Verbindungen zurückzuführen sind, ist bis heute nicht geklärt. Die von K. Asai aufgestellten Behauptungen konnten jedenfalls von anderen Forschern bis heute nicht bestätigt werden, weder der hohe Germaniumgehalt von Pilzen und Ginseng, noch ein wissenschaftlich einwandfreier Beweis für eine immunstimulierende Wirkung des Germaniums.

Ob Germanium zu den essentiellen Spurenelementen zu zählen ist und welche Funktion es im Stoffwechsel des Menschen hat, wird erst die Zukunft zeigen.

Blei, Cadmium, Quecksilber, Arsen, Wismuth, radioaktive Isotope – die giftigen Spurenelemente

Kaum ein Tag, an dem uns nicht eine Meldung über Umweltbelastungen durch Schwermetalle, gesundheitsgefährdende Smog-Konzentrationen, Abwasser-Skandale, Amalgam-Diskussionen, Ozonalarm oder Störfälle in Atomkraftwerken erreicht.

Ohne näher auf die berechtigten Kritiken an unserem Umgang mit Leben und Natur einzugehen, sollen an dieser Stelle die Auswirkungen übermäßiger Schwermetallbelastungen auf unsere Gesundheit beschrieben und Hilfsmaßnahmen aufgeführt werden. Dabei sollen Symptome von und Vorbeugemaßnahmen gegen Belastungen mit Schwermetallen aufgezeigt werden. Überdurchschnittlich hohe Belastungen, welche in Folge zu Vergiftungen führen, gehören in den Bereich der Notfallmedizin und müssen daher auch medizinisch entsprechend behandelt werden.

BLEI – der IQ-Töter

Das Schwermetall Blei gehört neben Eisen, Zink, Quecksilber, Gold und Kupfer zu den am längsten bekannten Metallen. Waren bereits im Alten Ägypten vor gut 5000 Jahren Bleigefäße bekannt, so wurde während der römischen Hochkultur dieses giftige Metall auch zur Herstellung von Wasser- und Heizleitungsrohren, Eßgeschirren und Weinvorratsgefäßen verwendet. Manche Historiker vermuten, die daraus resultierende hochgradige Bleibelastung der römischen Oberschichte habe einen wesentlichen Beitrag zum Zerfall der römischen Kultur geleistet.

Sprunghaft jedoch stieg die allgemeine Bleibelastung der Bevölkerung mit dem Automobil-Zeitalter an. In den letzten Jahrzehnten hatte die Bleibelastung der Umwelt durch Autoabgase mengenmäßig sicherlich den größten Anteil. Diese Tatsache führte mittlerweile zur Einführung bleifreien Benzins, welches nur für die mit Katalysator betriebenen Fahrzeuge verwendet werden darf. Diese Maßnahme ist mittlerweile heftig umstritten, da einerseits durch Restbestände bleihaltigen Benzins in den Tankcontainern die Katalysatoren inaktiviert werden, wodurch sich der Schadstoffausstoß drastisch erhöht. Zum anderen geben Kat-Autos zwar weniger Blei an die Umwelt ab, dafür aber umso mehr an krebserregendem, fein verteiltem Platinstaub, Blausäure und Nervengase, nicht zuletzt auch gesundheitsschädigende elektromagnetische Strahlung.

Zurück zum Blei: Es gelangt am intensivsten über die Lungen in unseren Organismus, da eingeatmetes Blei zu ca. 50 Prozent resorbiert wird. Die Aufnahme über die Nahrungskette (Trinkwasser, Nahrungsmittel) spielt insofern eine geringere Rolle, als Blei über den Darmtrakt nur zu 5 bis 10 Prozent in das Blut aufgenommen wird. Der Wiener Internist Dr. F. A. Perger wies im Rahmen einer Reihenuntersuchung an 487 Patienten nach, daß ca. 45 Prozent der Untersuchten eine erhöhte Bleibelastung aufwiesen, ohne jedoch die allgemein gültigen Toxizitätsgrenzen zu überschreiten. Perger führte diese überdurchschnittlich hohen Bleiwerte auf Lebensumstände zurück, durch welche man Kfz-Abgasen vermehrt ausgesetzt ist: Verkehrspolizisten, Taxilenker, Mitarbeiter städtischer Verkehrsbetriebe, der Müllabfuhr und Straßenreinigung, Anwohner von und Personen mit Arbeitsplatz an Hauptverkehrsstraßen, Kraftfahrer und Benützer öffentlicher Verkehrsmittel, welche an stark befahrenen Kreuzungen häufig umsteigen müssen. Aufgrund verschiedener Untersuchungen im deutschsprachigen Raum kann man davon ausgehen, daß ein Durchschnittsbürger täglich ca. 200 bis 300 mcg Blei durch die Atmung und die Nahrung aufnimmt. Die Weltgesundheitsorganisation WHO gibt als tägliche duldbare Aufnahmemenge 500 mcg Blei an. Aus diesen Aspekten heraus könnte man sich befriedigt zurücklehnen und in Sicherheit wiegen, wäre nicht die Gefahr der Kumulierung und Potenzierung aller möglichen Umweltgifte, die auf uns einströmen und deren schädliche Wirkungen niemand auf dieser Welt beurteilen kann.

Außerdem ist prinzipiell die behördliche »Festsetzung schädigender Grenzwerte« von Schadstoffen aller Art äußerst bedenklich, wie der deutsche Toxikologe Prof. Dr. Wassermann feststellte. Hier drängt sich sehr häufig der Verdacht auf, Grenzwerte dieser Art werden oft eher aus wirtschaftlichen und politischen Aspekten ausgehandelt, sozusagen als Kompromißlösung verschiedener Interessensgruppen, und nicht aus ernsthafter Sorge um das Wohl unserer Bevölkerung.

Mehr als 90 Prozent des aufgenommenen Bleis werden, ähnlich wie Calcium, als Bleiphosphat in Knochen und Zähnen abgelagert. Unter bestimmten Bedingungen wie Streß oder Bindegewebsübersäuerung wird jedoch das Blei aus den Knochen herausgelöst und gelangt in den Organismus. Dort richtet es als Enzym-Gift Schäden an den blutbildenden Organen, an den Muskelzellen und am Nervensystem an. Die ersten Anzeichen einer Bleiüberlastung sind daher Blutarmut, Müdigkeit und Muskelschwäche, Erniedrigung der Intelligenzleistung, Gedächtnisstörungen, Schlaflosigkeit und Depressionen, in schwereren Fällen Koliken, bläulich-schwarze Verfärbungen des Zahnfleisches, epileptische Krämpfe und Delirien.

Zur Vermeidung übermäßiger Bleibelastungen durch die Nahrung sollte man Obst und Salate vor dem Verzehr gründlich waschen und nach Möglichkeit die äußeren Hüllblätter entfernen.

Erhöhte Bleiwerte im Organismus lassen sich durch Calcium-Präparate (500 – 1000 mg täglich), Vitamin C (500 mg täglich) und durch organische Zinkverbindungen (10 mg Zink täglich) meist erfolgreich erniedrigen. Im Falle höherer Bleibelastungen wird der Arzt durch Injektion sogenannter Komplexbildner (Natrium/Calcium-EDTA; DMPS) eine Bleiausschwemmung durchführen. In jedem Fall ist jedoch auf eine ausreichende Flüssigkeitszufuhr (mind. 2 l täglich) zu achten, um eine entsprechende Ableitung über die Nieren zu gewährleisten und um die Nieren nicht durch zu hohe Bleikonzentrationen zu belasten.

CADMIUM – das Nierengift

Nach Blei ist Cadmium jener Schadstoff, der am zweithäufigsten in der Luft enthalten ist. Hauptverursacher für die Cadmiumbelastung sind die Emissionen der Eisen- und Stahlindustrie, weiters die Kohle- und Ölfeuerungsanlagen von Haushalten und Industriebetrieben und nicht zuletzt Müllverbrennungsanlagen. Dabei sind die Cadmium-Belastungen der Bevölkerung nicht unbedingt auf die Orte der Cadmiumentstehung begrenzt. Dieses Gift wird vielmehr durch die Winde über Hunderte von Kilometern verteilt, was sich auch in einer relativ gleich großen Belastung von Stadt- und Landbevölkerung dokumentiert. Einen wesentlichen Beitrag zur Cadmium-Belastung durch die Nahrung geben Kunstdünger ab. Die weitverbreitete Meinung, Zigarettenraucher wären einer besonderen Cadmiumbelastung ausgesetzt, konnte durch Untersuchungen von Dr. F. Perger widerlegt werden, was die gesundheitsschädigende Wirkung übermäßigen Nikotinkonsums natürlich nicht verharmlosen soll. Gibt die WHO den täglich duldbaren Cadmium-Grenzwert mit 75 mcg an, so ist die deutschsprachige Bevölkerung mit einer gemessenen täglichen Belastung von etwa 50 mcg schon bedenklich nahe an der Belastungsfähigkeit. Interessant waren in diesem Zusammenhang Untersuchungen von Dr. F. Perger an 475 Patienten, welche ergaben, daß 90 Prozent von »Vollwert-Vegetariern« einen durchschnittlichen Cadmium-Harnwert von 2,37 mcg/100 ml aufweisen, während die durchschnittlichen Werte von Rauchern (mit normaler traditioneller Kost) nur 1,13 mcg/100 ml betrugen. Perger begründet dies damit, daß die Zinkversorgung aus Vollwertgetreide aufgrund des hohen Phytatgehaltes nur unzulänglich gewährleistet ist. Das Spurenelement Zink gilt allgemein als Gegenspieler von giftigen Schwermetallen und kann diese bei ausreichender Zufuhr ausschwemmen (bzw. umgekehrt bei Überwiegen der Schwermetalle von diesen ausgeschwemmt werden).

Übermäßige Cadmiumbelastungen äußern sich in Funktionsstörungen der Nieren und in vermehrtem Auftreten von Eiweiß im Harn. Ob Cadmium durch die Einschränkung der Nierenfunktion auch zu Bluthochdruck führt, konnte bis heute noch nicht abgesichert werden, ist aber sehr wahrscheinlich. Weitere Schädigungen durch Cadmium treten am blutbildenden System auf, es kommt auch vermehrt zur Bildung von Nierensteinen (Calcium-Phosphatsteine) sowie zu einer Verschiebung des Säure-Basen-Haushaltes in den sauren Bereich (latente Acidose). Wie bereits erwähnt, wird durch Cadmium auch vermehrt Zink (und Kupfer) ausgeschieden. Die Folgen dieser sekundären Mangelerscheinungen sind Störungen im Immunsystem, im Hautstoffwechsel, in den Sexualfunktionen und gehäuftes Auftreten rheumatischer Beschwerden.

Als wirksamste Gegenmaßnahmen bei übermäßigen Cadmiumbelastungen gelten die regelmäßige Zufuhr von organisch gebundenem Zink (10 mg täglich) sowie von Vitamin C (500–1000 mg täglich).

QUECKSILBER – geht uns auf die Nerven

Die industrielle Verarbeitung von Quecksilber in Batterien und Thermometern, Millionen von Amalgamplomben, tausende Tonnen von Saatgut-Beizmitteln, Verbrennungsabgase aus Kohle, Heizöl und Vulkanausbrüchen sorgen für eine immense Verbreitung von Quecksilber in Luft, Pflanzen und Trinkwasser.

Quecksilber sorgt mit beständiger Regelmäßigkeit für Skandalberichte über schwere Erkrankungen und Todesfälle durch allzu bedenkenlosen Umgang mit diesem giftigen Schwermetall.

In den 50er Jahren trugen hunderte Japaner schwere Schädigungen durch den Verzehr quecksilberverseuchter Fische davon. Die Ursache: Aus einer Fabrikationsanlage wurde quecksilberhaltiger Schlamm direkt in das Meerwasser geleitet (Minamata-Skandal).

In den 70er Jahren wurden in den USA bedenklich hohe Quecksilberwerte in Fischkonserven gefunden. Sofort wurden sämtliche Fischkonserven aus den Verkaufsregalen beschlagnahmt. Die Ursache: Erzeugerfirmen von Saatgut-Beizmitteln hatten ihre quecksilberhaltigen Abfälle ungefiltert in Meeresbuchten geschüttet.

Weitere 20 Jahre später beherrscht die Amalgamdiskussion Fach- und Laienpresse. Amalgam, bekanntlich eine Legierung aus Zinn, Silber, Kupfer und Quecksilber, wird von Zahnärzten aufgrund seiner leichten Formbarkeit und Nachhärtung bevorzugt für das Plombieren von Zähnen verwendet.

Amalgam-Gegner vertreten die Auffassung, durch saure Speisen und Getränke, durch regelmäßigen Genuß von Kaugummi und insbesondere beim Wechseln der Plomben gelange gesundheitsschädigendes Quecksilber in die Blutbahn und damit in den Organismus. Von den Vertretern der Zahnmedizin werden diese Behauptungen bestritten, da sie nur sehr schwer und nicht kausal nachweisbar sind.

Kontrolluntersuchungen ergaben jedenfalls, daß bei einem vorgeschlagenen WHO-Grenzwert (wieder ein Grenzwert!) von täglich 50 mcg Quecksilber die tatsächliche tägliche Quecksilberbelastung bei ca. 10 mcg liegt. Zugleich wurde bestätigt, daß die Quecksilberbelastung von Mitarbeitern in Zahnarztpraxen im Vergleich zu Normalpersonen um das 4fache erhöht ist.

Die Symptome einer übermäßigen Quecksilberbelastung ähneln denen einer Bleibelastung: Nervöse Unruhe, Schlaflosigkeit, Gedächtnisstörungen, Gliederschmerzen und dunkle Verfärbungen des Zahnfleisches.

Ähnlich wie Cadmium ist auch Quecksilber ein Gegenspieler des essentiellen Spurenelementes Zink und führt daher auch zu übermäßigen Zinkverlusten. Umgekehrt kann durch die regelmäßige Gabe von organischem Zink (10 mg täglich) und Vitamin C (500 – 1000 mg täglich) über mehrere Wochen bei gleichzeitig ausreichender Flüssigkeitszufuhr giftiges Quecksilber aus dem Körper entfernt werden. Auch die regelmäßige Gabe von 100 bis 200 mcg Selen zeigt sich nach Untersuchungen einiger Autoren als sehr wirksam zur Quecksilberentgiftung.

ARSEN – ein lebensnotwendiges Gift?

Das giftige Schwermetall Arsen hat vor allem in der Gerichtsmedizin historische Bedeutung erlangt. Bis zur Entdeckung einer chemischen Nachweismethode von Arsen durch den Chemiker Marsh war Arsen ein allseits beliebtes Gift, um unliebsame Miterben, Ehepartner, Nebenbuhler oder Schwiegermütter loszuwerden. Schon die relativ geringe Menge von 100 mg Arsenik reichte aus, um jemanden damit ins Jenseits zu befördern.

Wenn Arsen auch heute als gesundheitsschädigend, höchstwahrscheinlich sogar als krebserregend erkannt wurde, kommt ihm aufgrund seiner relativ geringen Verbreitung in Luft, Boden und Trinkwasser Gott sei Dank keine allzu bedeutende toxikologische Rolle zu. Die WHO gibt als gesundheitsgefährdende Obergrenze eine tägliche Arsenbelastung von 10 mcg an, unter Normalbedingungen werden von uns nur 20 bis 30 Prozent dieser Werte erreicht.

Zeichen einer chronischen Arsenvergiftung sind dunkelgraue Verfärbungen der Haut und weiße Querstreifen an den Fingernägeln.

Arsen kann wie die bereits beschriebenen Schwermetalle durch Selen und Zink ausgeschwemmt werden. Es ist jedoch nicht auszuschließen, daß die Ernährungsmedizin in der Zukunft dem Arsen immunstimulierende Wirkungen nachweisen kann, allerdings unter der Voraussetzung, daß Arsen entsprechend niedrig dosiert wird.

WISMUTH – das Gehirngift

Noch vor nicht allzu langer Zeit wurden basische Wismuthsalze zur Therapie von Magenschleimhaut-Entzündungen in Form von Tabletten eingesetzt. Anfang der 70er Jahre traten allerdings in Australien und Frankreich im Zusammenhang mit der Einnahme wismuthhaltiger Medikamente an einigen Personen Hirnschädigungen auf. Dies veranlaßte z. B. die österreichische Arzneimittelbehörde, den Vertrieb aller wismuthhaltigen Arzneimittelpräparate zu untersagen. Wismuth hat als Umweltgift praktisch keine Bedeutung.

Radioaktive Elemente – der Preis des Fortschritts

Radioaktive Isotope und gesundheitsschädliche Strahlungen entstehen aus Rohstoffmaterialien zur Röntgenanalyse und Tumorbestrahlung, in großen Mengen vor allem in Atomwaffen-Fabriken, Atommeilern und Wiederaufbereitungsanlagen. Die heftig und emotional geführten Auseinandersetzungen zwischen Atomkraftbefürwortern und -gegnern drehen sich meist um die Kernfrage, ob die Sicherheitsmaßnahmen im täglichen Umgang mit nuklearem Material, bei dessen Transport und in der Wiederaufbereitung ausreichen, um einen sogenannten Super-GAU (größter anzunehmender Unfall) zu vermeiden. Über die Gefährlichkeit radioaktiver Isotope sind sich Gegner und Befürworter der Atomenergie wohl gleichermaßen im klaren.

Die Weltbevölkerung wurde bisher dreimal mit den verheerenden Auswirkungen intensiver radioaktiver Strahlung konfrontiert: In den beiden japanischen Städten Hiroshima und Nagasaki fielen Anfang August 1945 durch 2 Atombombenabwürfe der Amerikaner ca. 500.000 Japaner zum Opfer, Ende April 1986 kam es durch Ausfall und Überhitzung des Kühlsystems im Kernkraftwerk Tschernobyl zum Super-GAU, welcher nach den Prognosen der Statistiker erst in ein paar tausend Jahren hätte auftreten dürfen. Die Folgen des Tschernobyl-Desasters sind zum Teil bekannt. In unmittelbarer Nähe des Unglücksreaktors waren 1,5 Millionen Menschen von akuten Schäden betroffen, wie sich der radioaktive Staub auf die restlichen 4 Millionen Menschen in dem verseuchten Gebiet und auch auf die nord- und mitteleuropäische Bevölkerung auswirkt, werden erst Statistiken der nächsten Jahrzehnte ans Tageslicht bringen.

Aber auch weniger spektakuläre Auffälligkeiten, wie erhöhte Kindersterblichkeit, Fehlbildungsrate bei Neugeborenen, vermehrte Krebshäufigkeit (Leukämie), vermehrte Schäden an den blutbildenden Systemen und am Immunsystem sowie Schilddrüsenerkrankungen treten vorzugsweise bei jenen Bevölkerungskreisen auf, die in der Nähe von Kernkraftwerken, Wiederaufbereitsanlagen und Atomwaffenfabriken leben müssen. An Zufälligkeiten mag hier wohl kein seriöser Wissenschafter mehr glauben.

Die Aggressivität radioaktiver Isotope richtet sich vornehmlich auf das zelluläre Geschehen. Einerseits werden durch die intensive Strahlung vermehrt sogenannte Radikale und Peroxide gebildet, welche die Schutzfunktionen der Zellmembranen zerstören, so daß es zu einer unselektiven Durchlässigkeit der Zellwände und zu vorzeitiger Zellalterung und frühzeitigem Zelltod kommt. Die zweite, noch fatalere Wirkung radioaktiver Strahlung richtet sich direkt in das Zellinnere, wo die Erbanlagen (Chromosomen) lokalisiert sind. Diese Schäden an der Erbmasse führen zu unkontrolliertem Zellwachstum (Krebs), bei Neugeborenen über die geschädigten Keimzellen der Eltern zu schrecklichen, irreparablen Mißbildungen. Die aus Kernreaktoren freiwerdenden Isotope sind vor allem Jod 131, Caesium 134 und 137, Strontium 90, Plutonium 239 sowie Ruthenium- und Tellur-Isotope. Ein Maß für die Gefährlichkeit von Isotopen ist die sogenannte »Halbwertszeit«, also die Zeit, in der sich die Strahlungsintensität eines Isotopes um die Hälfte vermindert. Die Halbwertszeiten der genannten Isotope betragen in der Regel ein (Ruthenium 106) bis 24.000 Jahre (Plutonium 239), also lange genug, um im Laufe eines Lebens katastrophale Schäden am Menschen und seinen Nachfolgegenerationen anzurichten. Aus diesem Aspekt heraus erscheint es irrsinnig, in erfolgsblinder Überheblichkeit über das Schicksal nachfolgender Generationen zugunsten der Kernenergie zu entscheiden.

Jod 131 mit der relativ kurzen Halbwertszeit von 8 Tagen wird aus atomaren Rohstoffen zu einem überwiegenden Teil von etwa 70 Prozent freigesetzt. Im Falle einer atomaren Katastrophe kann die Aufnahme radioaktiven Jods 131 durch die vorsorgliche Einnahme von Kaliumjodid-Tabletten verdrängt werden. Diese Maßnahme ist insbesondere bei Kindern und Jugendlichen sinnvoll und wurde auch von den österreichischen Gesundheitsbehörden in die

Notfallplanung aufgenommen. Diese durchaus sinnvolle Maßnahme sollte uns jedoch nicht darüber hinwegtäuschen, daß es sich hierbei nur um eine teilweise und ungenügende Prophylaxe handelt. Sie bietet vor allem keinen Schutz gegen die Aufnahme langlebiger radioaktiver Isotope, welche, einmal in unserem Körper abgelagert, eine zerstörerische Quelle darstellen. Im Hinblick auf die intensive Radikal- und Peroxidbildung durch den Einfluß radioaktiver Strahlung sollte im Falle einer atomaren Bedrohung alles eingenommen werden, was nach heutigen Erkenntnissen schädigende Radikale und Peroxide »abfängt«: Selen (100 – 200 mcg täglich), Zink (10 mg täglich), Kupfer (2 – 5 mg täglich), Eisen (10 – 15 mg täglich) sowie die Vitamine A (Beta-Carotin als Pro-Vitamin A), C und E. Mit diesen Maßnahmen ist zumindest ein gewisses Schädigungsspektrum radioaktiver Strahlung beschränkt neutralisierbar.

Ein Schutz vor erbgutschädigenden Wirkungen atomarer Strahlung läßt sich nach heutigem Wissen nur erzielen, indem man im Falle eines atomaren Unglücks mit allen nur möglichen Mitteln danach trachtet, einen Kontakt mit radioaktiv verseuchtem Staub zu vermeiden.

SCHLUSSBETRACHTUNGEN

Wenn wir nun das Wesen von Mengen- und Spurenelementen etwas genauer kennengelernt haben, so sollten wir uns dennoch bewußt sein, daß dieses Wissen bis zum heutigen Tag immer noch äußerst lückenhaft ist. Auch sollten wir uns nicht von dem Gedanken verführen lassen zu meinen, alleine durch die gezielte Auswahl mineralstoffreicher Ernährung oder durch die Einnahme von Mineralstoffpräparaten die Gesundheit sozusagen gepachtet zu haben.

Unser Einblick in die faszinierende Welt der Mengen- und Spurenelemente sollte uns vielmehr vor Augen führen, wie vielfältig und folgenschwer es für unseren Organismus sein kann, wenn ihm durch Denaturierung der Nahrung oder durch einseitige Eß- und Lebensgewohnheiten die regelmäßige Zufuhr lebensnotwendiger Vitalstoffe vorenthalten wird. Sehr treffend wird dies von den Autoren von Koerber, Männle und Leitzmann in dem lesenswerten Buch »Vollwerternährung, Grundlagen einer vernünftigen Ernährungsweise« zitiert:

». . . man nehme etwa einen Apfel: Dieser enthält analytisch gesehen im Durchschnitt pro 100 g etwa 0,3 g Protein, 0,4 g Fett, 13 g Kohlenhydrate, 85 g Wasser, 1 g Rohfaser, 320 mg Mineralstoffe und 13 mg Vitamine. Gibt man alle die in der Analyse ermittelten Bestandteile des Apfels zusammen in ein Gefäß, so erhält man keinen Apfel. Auch beim Verzehr dieses Gemisches wird keine Ähnlichkeit mit einem Apfel festzustellen sein. Ganzheitlich betrachtet ist der gleiche Apfel etwas völlig anderes (obwohl es analytisch betrachtet um die gleichen Nahrungsbestandteile in gleicher Menge geht). Das Bild (bzw. der Anblick) des Apfels sagt auch unmittelbar etwas über seine Qualität aus; auch ohne Analysenwerte wird ein frischer Apfel einem verschrumpelten gegenüber bevorzugt. Vieles spielt sich hier auf der Empfindungsebene ab. So werden beim Anblick und Verzehr Gefühle wach, die ihren Ausdruck finden in Redewendungen wie: ›Da läuft einem das Wasser im Munde zusammen‹. Dabei sind neben dem Geschmack auch Farbe, Geruch, Struktur und Konsistenz des Apfels wichtig, genauso wie auch andere Erfahrungswerte mit dem Lebensmittel und persönliche Vorlieben für bestimmte Geschmacksrichtungen. Das alles sind Bedingungen, die für den

Genießenden (Verbraucher) neben analytisch faßbaren Daten die wahre Qualität des Apfels bedeuten, daher liegt es besonders in seinem Interesse, daß sich der Qualitätsbegriff einer Nahrung nicht nur auf analytisch Faßbares bezieht.«

Aus dem bisher Gesagten folgt, daß ein Lebensmittel nicht nur als Gemisch vieler verschiedener Stoffe anzusehen ist, deren Mengen für viele bekannte Substanzen aus entsprechenden Tabellen zu entnehmen sind.

Vielmehr ist ein Lebensmittel (und darüber hinaus die gesamte Nahrung) als etwas Ganzes, Gestaltetes, Geordnetes zu betrachten, in dem die Inhaltsstoffe in einem bestimmten Verhältnis vorliegen. Vom ganzheitlichen Denken her ist es einsichtig, daß ein ganzes, unverändertes Lebensmittel andere Wirkungen auf den Organismus ausübt als nur einzelne Bestandteile von diesem – oder auch als die Summe von daraus isolierten oder synthetisch nachgebildeten Inhaltsstoffen.

Die Lebensmittel wurden in der Ernährungswissenschaft bisher nicht immer so betrachtet, weil die naturwissenschaftliche analytische Beurteilung auch in der Ernährungswissenschaft anfangs überwog. Als Beispiel für diese Denkweise, die jahrzehntelang unsere Nährstoffempfehlungen beeinflußt hat, sei eine Aussage von Rubner aus dem Jahre 1904 angeführt. Er erklärt in bezug auf Ballaststoffe folgendes: ›Die Hülle des Getreidekorns ist für uns unverdaulich, und Kleie sollte besser als Viehfutter Verwendung finden.‹ Heute wissen wir, daß gerade das ganze unveränderte Getreidekorn (einschließlich der Kleie) zu einer vollwertigen Ernährung entscheidend beiträgt.

Zusätzlich bieten die ganzen, unveränderten Lebensmittel einen besonderen, analytisch nicht faßbaren Vorteil gegenüber industriell verarbeiteter oder hergestellter Nahrung. Sie enthalten mit hoher Wahrscheinlichkeit (z. T. noch nicht identifizierte) möglicherweise essentielle Inhaltsstoffe . . .«

Wie sollte unsere gesunde tägliche Ernährung aussehen?

Es geht hier nicht darum, dem Vegetarismus oder anderen ideologischen Ernährungsweisen das Wort zu reden. Ernährungsvorschläge großer Ernährungsexperten wie W. Kollath, M. O. Bruker oder

Schnitzer sind bereits in zahlreichen guten Büchern niedergeschrieben und finden auch ihre Anhänger. Der Durchschnittsbürger wird durch dogmatische Ernährungsrichtlinien, welche von Verboten und Geboten geprägt sind, meist abgeschreckt und kehrt wieder zu seinen alten Ernährungs- und Lebensgewohnheiten zurück.

Man muß jedoch weder Vegetarier, Veganer oder Anhänger einer ideologischen Gemeinschaft sein, um einige grundlegend unvernünftige Ernährungsgewohnheiten abzulegen.

In vielen guten und durchschnittlichen Restaurants wird heutzutage schon häufig die Speisenkarte um einige Vollwertgerichte bereichert.
Es ist sicherlich jeder Hausfrau und Mutter möglich, bereits bei der Auswahl der Grundnahrungsmittel auf Vollwertigkeit und Naturbelassenheit zu achten, ohne deshalb den Protest der Familienmitglieder hervorzurufen: Ungeschälter Reis anstelle von poliertem Reis, Weißmehl wenigstens mit Vollkornmehl zu vermischen, die grundsätzliche Verwendung kaltgepreßter Öle und von Butter anstelle von billigen Ölen und Margarinen, das Anrichten köstlich schmeckender Salate und die regelmäßige Verwendung von Obst und Gemüse der jeweiligen Jahreszeit bringen viel Abwechslung auf den Tisch und sind eine wichtige Grundlage für die Gesundheit der ganzen Familie. Stillen Mineralwässern sollte vor kohlensäurehaltigen Wässern, vor allem aber vor gesüßten Limonaden und Cola-Getränken der Vorzug gegeben werden.

Nach übereinstimmender Meinung von Ernährungsexperten sollte etwa die Hälfte der täglichen Nahrungsmenge aus unbehandelter Frischkost, also aus Obst, Gemüse, kaltgepreßten Ölen, Milch, Nüssen und Vollkorn bestehen. Die zweite Hälfte der täglichen Nahrungsmenge sollte demgemäß erhitzte Kost ausmachen, hierbei bei weitgehendem Verzicht auf übermäßigen Fleischkonsum.

Einerlei, ob man es nun vom Standpunkt der Kalorienzufuhr, aus der Sicht der Vitalstoffzufuhr oder vom Aspekt des Säure-Basen-Haushaltes betrachtet, die Empfehlungen können nur lauten: Weg von kalorienreicher, fett- und proteinreicher, tierischer, ballaststoffarmer Ernährung, hin zu überwiegend basischer, mineralstoffreicher, kalorienarmer, pflanzlicher Kost, vorzugsweise in Form von Frischkost.

Welche Mengen- und Spurenelemente sind in welchen Lebensmitteln enthalten?

In den folgenden Auflistungen sind jene Lebensmittel angeführt, welche besonders hohe Gehalte an Mengen- und Spurenelementen aufweisen.

Die Werte wurden aus dem Buch »Souci-Fachmann-Kraut, Zusammensetzung der Lebensmittel, Nährwerttabellen 86/87; Wissenschaftliche Verlagsgesellschaft mbH Stuttgart« entnommen und durch Kontrollanalysen zum Teil bestätigt, zum Teil jedoch nicht bestätigt.

Nach entsprechender Rücksprache mit den Autoren erklärten diese, daß es sich bei den Angaben jeweils um Durchschnittswerte handle, die aufgrund unterschiedlicher Anbaubedingungen, Bodenbeschaffenheit und klimatischer Voraussetzungen natürlich differieren können.

Dies bedeutet nun nicht, daß die Analysenwerte der entsprechenden Lebensmittelgruppen dermaßen differieren, daß sie für die Praxis unbrauchbar sind, sondern sie zeigen vielmehr die Affinität der jeweiligen Lebensmittel auf, bestimmte Mineralstoffe bevorzugt aufzunehmen und zu speichern.

Sehr wohl aber beweisen unsere Analysenergebnisse, daß Lebensmitteln aus ökologischem Anbau im Vergleich zu großindustriell gezüchteten Nahrungsmitteln eindeutig der Vorzug zu geben ist.

Die folgenden Tabellen mögen dem interessierten Leser die Möglichkeit bieten, Nahrungsmittel mit besonders hohen Gehalten an Mengen- und Spurenelementen gezielt auszuwählen.

NATRIUM

(Gehalt in Gramm pro 100 g Lebensmittel)

Milch:	Trockenmolke	1,29
Käse:	Roquefort	1,81
	Sauermilchkäse	1,52
	Edelpilz	1,45
	Limburg	1,28
	Schmelzkäse	1,26
	Ramadia	1,23
	Brie	1,17
	Camembert	0,97
Eier:	Hühnereiweiß	1,42
Öle, Fette:	–	
Pflanzl. Öle, Fette:	–	
Fleisch:	–	
Fleischerzeugnisse:	Bündner-Fleisch	2,10
	Schweinespeck	1,77
	Fleischextrakt	1,76
	Schweineschinken, roh, geräuchert	1,40
	Cervelatwurst	1,26
	Salami	1,26
	Schweineschinken, Dose	1,20
	Knackwurst	1,19
	Mettwurst	1,09
	Frühstücksfleisch	1,06
	Corned Beef	0,95
Fisch:	Salzhering	5,93
	Lachs	4,07
	Matjeshering	2,50
	Kaviar	1,94
Getreide:	–	
Brot:	Salzstangerl	1,79
Gemüse:	Kartoffel, gekocht, mit Schale	3,00
	Spargel	2,00
Früchte:	Oliven	2,10
Obst-Beerensäfte:	–	

KALIUM

(Gehalt in Gramm pro 100 g Lebensmittel)

Milch:	Trockenmolke	1,86
	Trockenmagermilch	1,58
	Trockenbuttermilch	1,30
	Trockenvollmilch	1,16
Ei:	Hühnereiweiß	1,07
Fleischerzeugnisse:	Fleischextrakt	7,20
Fisch:	Stockfisch	1,50
Gemüse, Früchte und Nüsse:	Pfifferling	5,37
	Kaffee-Extraktpulver	4,38
	Möhren, getrocknet	2,64
	Steinpilz	2,00
	Kakaopulver	1,92
	Sojamehl	1,87
	Kaffee grün	1,82
	Tee schwarz	1,79
	Bohnen, grün, getrocknet	1,77
	Limabohnen	1,75
	Sojabohne	1,74
	Kaffee, geröstet	1,73
	Bierhefe	1,41
	Aprikose	1,37
	Pfirsich	1,34
	Gartenbohne	1,31
	Mungbohnen	1,22
	Tomatenmark	1,16
	Kartoffelstäbchen	1,16
	Kartoffelflocken	1,15
	Goabohne	1,02
	Pistazie	1,02
	Kartoffelscheiben, geröstet, gesalzen	1,00
	Petersilie	1,00

CALCIUM

(Gehalt in Milligramm pro 100 g Lebensmittel)

Milch:	Kondensmagermilch	1290
	Parmesan	1290
	Emmentaler	1020
	Kondensvollmilch	920
	Trockenbuttermilch	894
	Trockenmolke	890
	Pravolane	881
	Tilsiter	858
	Gouda	820
	Chesterkäse	810
	Edamer	800
	Butterkäse	694
	Roquefort	662
	Gorgonzola	512
	Bel Paese Käse	604
	Camembert	600
	Schmelzkäse	547
	Limburger	534
	Edelpilz	526
	Ramadour	448
	Mozarella	403
	Kondensmagermilch	340
	Kondensmilch, 10 % Fett	315
	Münster	310
Ei:	–	
Fette, Öle:	–	
Fisch:	Sprotte, geräuchert	1700
	Sardine in Öl	330
Getreide:	–	
Gemüse:	Sesam	783
	Sojabohne	257
	Möhren, geröstet	256
	Petersilie	245
Nüsse:	Mandel	252
	Haselnuß	226
Kaffee, Tee:	Tee	302

MAGNESIUM

(Gehalt in Milligramm pro 100 g Lebensmittel)

Milch:	Trockenmolke	180
Ei:	–	
Fette, Öle:	–	
Fleischerzeugnisse:	Fleischextrakt	374
Fisch:	–	
Getreide:	Weizenkleie	590
	Weizenkeime	250
	Hirse	170
	Reis	157
	Gerstenmehl	155
	Weizen	147
	Haferflocken	139
	Hafermehl	131
	Grünkern	130
	Hafer	129
Gemüse:	Sonnenblume	420
	Sesam	347
	Sojamehl	247
	Sojabohne	247
	Urdbohne	243
	Limabohne	201
	Goabohne	170
	Portulak	151
	Bohnen, Samen, weiß	132
Nüsse:	Cashew Nuß	267
	Erdnuß, geröstet	173
	Mandel	170
	Erdnuß	163
	Paranuß	160
	Pistazie	158
	Haselnuß	156
	Pekannuß	142
	Walnuß	129
Zucker, Honig:	Marzipan	120
Kakao:	Kakaopuler	414
	Kaffee-Extraktpulver	390
	Gerösteter Kaffee	220
	Tee	184

ZINK

(Gehalt in Milligramm pro 100 g Lebensmittel)

Milch, Ei:	Hühnereigelb, getrocknet	6,15
	Hühnerei	5,0
	Edamer	4,9
	Emmentaler	4,63
	Trockenmilch mager	4,1
	Trockenbuttermilch	4,0
	Chesterkäse	3,9
	Gouda	2,9
	Provolane	3,9
	Hühnereigelb flüssig	3,8
Fette, Öle:	–	
Fleisch:	Kalbsleber	8,4
	Schweinsleber	5,9
	Corned Beef	5,6
	Rindsleber	5,1
	Hammelleber	4,35
	Rindfleischmuskel	4,2
	Hammelkeule	3,7
	Hammelfleisch	3,1
Getreide:	Weizenkleie	13,3
	Weizenkeime	12,0
	Hafer	4,5
	Haferflocken	4,4
	Weizen	4,1
Gemüse:	Urdbohne	5,5
	Sonnenblume	5,2
	Linse	5,0
	Sojamehl	4,9
	Goabohne	4,6
	Erbse	3,8
Nüsse:	Cashew Nuß	4,8
	Paranuß	4,0
Kakao:	Kakaopulver	3,5
Hefe:	Bierhefe	8,0

EISEN

(Gehalt in Milligramm pro 100 g Lebensmittel)

Milch, Ei:	Hühnereigelb, getrocknet	13,8
	Hühnerei, getrocknet	8,8
	Hühnereigelb	7,2
Fette:	–	
Fleisch:	Rinderblut	49,0
	Fleischextrakt	39,0
	Schweinsleber	22,1
	Schweinsmilz	19,4
	Hammelleber	12,4
	Kalbsniere	11,5
	Schweinsniere	10,0
	Bündner-Fleisch	9,8
	Kalbsmilz	9,7
	Rindsniere	9,5
	Rindsmilz	8,9
	Kalbsleber	7,9
	Rindslunge	7,5
	Hühnerleber	7,4
	Rindsleber	7,1
Fisch:	Salzhering	20,0
Getreide:	Hirse	9,0
	Weizenkeime	8,1
Gemüse und Nüsse:	Bohnen, weiß, getrocknet	21,0
	Goabohne	14,5
	Sojamehl	12,1
	Sesam	10,0
	Urdbohne	9,8
	Sojabohne	8,59
	Steinpilz	8,4
	Pistazie	7,3
	Kichererbse	7,2
Kakao:	Kakao	12,5
Kaffee, Tee, Hefe:	Kaffee grün	20,0
	Bierhefe	17,6
	Tee	17,2
	Kaffee, geröstet	16,8

KUPFER

(Gehalt in Milligramm pro 100 g Lebensmittel)

Kategorie	Lebensmittel	mg
Milch:	Emmentaler	1,17
	Edamer, 30 % F.i.T.	0,78
Eier, Fette:	–	
Fleisch:	Hammelleber	7,64
	Schweinsleber	5,48
	Kalbsleber	3,6
	Kalbfleisch, Dose	1,57
Fisch:	Auster	2,5
	Krill	2,0
	Hummer	0,4
Getreide:	Weizenkleie	1,55
	Weizenkeime	0,95
	Hirse	0,85
	Roggenmehl	0,8
Gemüse:	Gurken	8,4
	Goabohne	3,5
	Sonnenblume	2,8
	Kartoffelsticks, ölgeröstet	0,84
Früchte:	Cashew Nuß	3,7
	Hagebutte	1,8
	Paranuß	1,3
	Haselnuß	1,28
	Walnuß	0,88
Säfte:	Himbeersirup	1,0
Alkoholische Getränke:	Dessertweine	10,0
Kakao:	Kakaopulver	3,9
	Schokolade	1,3
Kaffee, Tee:	Kaffee, geröstet	3,0
	Tee	2,78
Hefe:	Bierhefe	3,32
Nüsse und Früchte:	Mandel	0,85
	Aprikose	0,8

SELEN

(Gehalt in Mikrogramm pro 100 g Lebensmittel)

Milch:	Vollmilch	9
	Magermilch	4,75
Ei:	Hühnerei, getrocknet	100
Fette, Öle:	–	
Fleisch:	Kalbsniere	260
	Schweinsherz	88
	Hühnerleber	66
	Schweinsleber	58
	Rindsherz	47
	Kalbsleber	40
	Rindsleber	35
	Rindfleischfilet	35
Fisch:	Bückling	140
	Hering	140
	Thunfisch	130
	Sardine	85
	Scholle	65
	Auster	60
	Walfleisch	50
	Miesmuschel	48
	Aal	47
	Rotbarsch	44
	Garnele	41
	Renke	37
	Makrele	35
Getreide:	Weizenkeime	110
	Eierteigwaren	65
	Weizenbrot	55
	Weizenmehl	55
	Reis	40
Gemüse:	Steinpilz	100
	Sojabohne	60
Nüsse:	Kokosnuß	810
	Pistazie	450
	Paranuß	100
Säfte:	–	
Kaffee, Tee, Kakao:	–	
Honig, Zucker:	–	
Hefe:	–	

CHROM

(Gehalt in Mikrogramm pro 100 g Lebensmittel)

Milch:	Gouda	95
	Edamer	95
	Frauenmilch	67
	Trockenvollmilch	36
	Ziegenmilch	13
	Trockenmagermilch	13
Ei:	Hühnerei	24
	Hühnereigelb	20
Fette:	–	
Fleisch:	–	
Getreide:	Weizenvollkornbrot	49
	Weizenbrot	37
	Mais	32
	Roggen	25
	Hafer	13,1
	Gerste	13
Gemüse:	Kartoffel	33
	Zwiebel	15,5
	Kopfsalat	14
	Pastinake	13
	Steinpilz	10
Früchte und Nüsse:	Paranuß	100
	Dattel	29
	Haselnuß	14
	Apfelsinensaft	13
	Mandel	12
	Heidelbeere	10
	Erdnuß	8
	Banane	7,5
Honig, Zucker:	Honig	29
Kakao, Tee:	Tee	110
	Kakaopulver	60

MANGAN

(Gehalt in Milligramm pro 100 g Lebensmittel)

Milch:	–	
Ei, Fette, Öle:	–	
Fleisch, Fisch:	–	
Getreide:	–	
Gemüse:	Sojamehl	4,00
	Goabohne	3,90
	Sojabohne	2,80
	Petersilie	2,70
	Sonnenblume, Samen	2,40
	Bohnen, Samen, weiß	2,00
	Limabohne	1,95
	Erbse, Samen	1,30
	Kichererbse, Samen, grün	1,21
	Rote Rübe	1,00
	Birkenpilz	0,74
	Spinat	0,74
Früchte und Nüsse:	Haselnuß	5,70
	Pekannuß	3,50
	Walnuß	1,97
	Mandel	1,90
	Heidelbeere, in Dose	1,90
	Aprikose, getrocknet	1,50
	Vogelbeere	1,60
	Kokosnuß	1,31
	Erdnuß, geröstet	1,24
	Hagebutte	1,20
	Erdnuß	1,13
	Cashew Nuß	0,84
	Edelkastanie	0,75
	Johannisbeere, schwarz	0,68
	Johannisbeere, rot	0,60
	Paranuß	0,60
	Banane	0,53
Kaffee, Tee:	Tee, schwarz	73,40

MOLYBDÄN

(Gehalt in Mikrogramm pro 100 g Lebensmittel)

Milch:	Trockenvollmilch	50
	Molke	34
	Trockenmagermilch	29
Ei:	Hühnerei	49
Fette:	–	
Fleisch:	Schweinsleber	300
	Rindsmilz	60
	Huhn	40
	Rindsniere	31
	Rindfleisch	28
	Schweinefleisch	27
Fisch:	Miesmuschel	56
	Karpfen	53
Getreide:	Buchweizen	480
	Sorghum	170
	Weizenkeime	100
	Reis	80
	Hafer	70
	Mais	55
	Roggenbrot	50
	Eierteigwaren	49
	Weizenmehl	45
	Gerste	43
	Weizenbrot-Vollkorn	31
Gemüse:	Sojamehl	180
	Rotkohl	120
	Knoblauch	70
	Erbse, grün	70
	Erbse, Samen, trocken	70
	Bohnen	43
Früchte:	–	
Säfte:	Apfelsinensaft	79
Kakao:	Kakaopulver	73

NICKEL

(Gehalt in Mikrogramm pro 100 g Lebensmittel)

Milch:	Gouda	89
	Edamer	89
	Trockenmolke	80
Fleisch:	Rindsniere	46
Fisch:	Hummer	66
	Hecht	50
Getreide:	Gerste	50
	Weizen	34
Gemüse:	Sojabohne	700
	Sojamehl	410
	Linse	310
	Erbse	280
	Petersilie	75
	Broccoli	50
	Meerrettich	30
	Blumenkohl	30
Früchte und Nüsse:	Pekannuß	1500
	Cashew Nuß	500
	Erdnuß	160
	Mandel	130
	Walnuß	130
	Haselnuß	120
	Pistazie	80
	Kirsche	60
	Pfirsich	40
	Hagebutte	40
	Banane	34
Kakao:	Kakaopulver	1230
	Schokolade, milchfrei	260
	Milchschokolade	150
Kaffee, Tee:	Tee, schwarz	650
	Kaffee-Extraktpulver	96
	Kaffee, geröstet	77

VANADIUM

(Gehalt in Mikrogramm pro 100 g Lebensmittel)

Milch:	Trockenvollmilch	41
Ei:	Hühnereigelb	48
	Hühnereiweiß	37
Fette, Öle:	–	
Fleisch:	Kalbsleber	0,5
Fisch:	Kabeljau	19
	Auster	11
	Hummer	4
	Makrele	0,3
Getreide:	Sorghum	10
	Weizenbrot	7
Gemüse:	Bohnen, grün	15
	Möhre	10
	Rettich	5
	Zwiebel	5
	Gurke	0,21
Früchte:	Avocado	9
	Banane	6
	Apfel	3,5
	Birne	2,5
	Pflaume	2
	Heidelbeere	0,16
Säfte:	–	
Honig:	–	
Tee, Kaffee:	–	
Hefe:	–	

MINERALSTOFFTABELLE

Im folgenden finden Sie eine Auflistung von Mineralstoffen mit ihren 15 gehaltvollsten Nahrungsmitteln.

Natrium	Kalium	Calcium	Magnesium	Zink	Mangan	Eisen
TAGESBEDARF						
2–3 g	2–4 g	1 g	300–400 mg	10–15 mg	2–5mg	10–15 mg (Schwangere bis 60 mg)
TOXISCHE DOSIS						
7–8 g täglich über längere Zeit führen zu Bluthochdruck	nicht bekannt	nicht bekannt	20–30 g	2 g	nicht bekannt	5 g
MINERALSTOFFGEHALT PRO 100 GRAMM NAHRUNGSMITTEL						
Salzheringe 5,93 g	getr. Pfifferling 5,37 g	Sprotte 1700 mg	Weizenkleie 590 mg	Weizenkleie 13,3 mg	Weizenkleie 9300 µg	weiße gek. Bohnen 21,0 mg
Lachs 4,07 g	getr. Möhren 2,64 g	Trockenmagermilch 1290 mg	Sonnenblume 420 mg	Weizenkeime 12,0 mg	Haselnuß 5700 µg	Salzhering 20,0 mg
Kartoffel 3,20 g	getr. Steinpilz 2,00 g	Parmesankäse 1290 mg	Cashew-Nuß 267 mg	Urdbohne 5,5 mg	Haferflocken 4900 µg	getr. Pfifferling 17,2 mg
Matjeshering 2,50 g	Sojamehl 1,87 g	Emmentalerkäse 1020 mg	Weizenkeime 250 mg	Sonnenblume 5,2 mg	Sojamehl 4000 µg	Goabohne 14,5 mg
Kaviar-Ersatz 2,12 g	grün. getr. Bohnen 1,77 g	Trockenvollmilch 920 mg	Sojabohne 247 mg	Linse 5,0 mg	Goabohne 3900 µg	Sojamehl 12,1 mg
Olive 2,10 g	Limabohne 1,75 g	Trockenmolke 890 mg	Urdbohne 243 mg	Edamerkäse (40%) 4,9 mg	Weizenkleie 3700 µg	Sesam 10,0 mg
gekocht. Spargel 2,0 g	Sojabohne 1,74 g	Provolonekäse 881 mg	Limabohne 201 mg	Sojabohne 1 mg	Hafer 3700 µg	Urdbohne 9,8 mg
Kaviar 1,94 g	Trockenmagermilch 1,58 g	Tilsiterkässe (45%) 858 mg	Erdnuß 163 mg	Cashew-Nuß 4,8 mg	Pekannuß 3500 µg	Hirse 9,0 mg
Roquefortkäse 1,81 g	Stockfisch 1,50 g	Tilsiterkäse (30%) 830 mg	Trockenmolke 180 mg	Goabohne 4,6 mg	Weizen 3400 µg	Sojabohne 8,59 mg
Salzstangen 1,79 g	Weizenkleie 1,39 g	Chesterkäse 810 mg	Hirse 170 mg	Hafer 4,5 mg	Sojabohne 2800 µg	Steinpilz 1 mg
Sauermilchkäse 1,52 g	getr. Aprikose 1,37 g	Edamerkäse (30%) 800 mg	Mungbohne 170 mg	Haferflocken 4,4 mg	Petersilie 2700 µg	Weizenkeime 8,1 mg
Briekäse 1,17 g	getr. Pfirsich 1,34 g	Edamerkäse (40%) 793 mg	Goabohne 170 mg	Weizen 4,1 mg	Sonnenblume 2400 µg	Pistazie 7,3 mg
Hering 1,17 g	weiße trock. Bohnen 1,31 g	Sesam 783 mg	Paranuß 160 mg	Trockenmagermilch 4,1 mg	Roggen 2400 µg	grüne getr. Bohnen 7,0 mg
Schmelzkäse 1,01 g	Trockenbuttermilch 1,30 g	Butterkäse 694 mg	Pistazie 158 mg	Trockenbuttermilch 4,0 mg	Kommissbrot 2300 µg	getr. Pfirsich 6,9 mg
Tilsiterkäse 7,73 g	Mungbohne 1,22 g	Camembertkäse 600 mg	Reis 157 mg	Paranuß 4,0 mg	Weizenvollkornbrot 2300 µg	Linse 6,9 mg

Die angegebenen Werte sind Durchschnittswerte und können – je nach Bodenbeschaffenheit, Anbaubedingungen, geographischer Lage und Grad der Schwermetallbelastung des Bodens – starken Schwankungen unterworfen sein.

mg = Milligramm = 1/1000 g
µg = Mikrogramm = 1/1000000 g

Kupfer	Vanadium	Molybdän	Nickel	Selen	Chrom	Kobalt
TAGESBEDARF						
2–5 mg	1–2 mg	100–500 µg	500 µg	100–200 µg	100–200 µg	0,1–0,3 µg
TOXISCHE DOSIS						
100 mg			5–10 mg	50–100 mg	6-wertiges Chrom (aus verunreinigtem Trinkwasser) ist cancerogen	
MINERALSTOFFGEHALT PRO 100 GRAMM NAHRUNGSMITTEL						
milchsau. Gurken 8400 µg	Sorghum 80 µg	Buchweizen 480 µg	Sojabohne 700 µg	Kokosnuß 810 µg	Porree 3000 µg	Erdnuß geröstet 37 µg
Cashew-Nuß 3700 µg	Trockenvollmilch 41 µg	Sojamehl 180 µg	Cashew-Nuß 500 µg	Pistazie 450 µg	Paranuß 100 µg	Linse 35 µg
Goabohne 3500 µg	Kabeljau 19 µg	Rotkohl 120 µg	Sojamehl 410 µg	Brasse 160 µg	Edamerkäse (30%) 95 µg	Erdnuß 34 µg
Sonnenblume 2800 µg	Bohne 15 µg	Weizenkeime 100 µg	Pilgermuschel 340 µg	Hering 140 µg	Edamerkäse (40%) 95 µg	grün. getr. Bohnen 23 µg
Auster 2500 µg	Auster 11 µg	Reis 80 µg	Linse 310 µg	Bückling 140 µg	Edamerkäse (45%) 95 µg	Kaviar 20 µg
Krill 2000 µg	Möhre 10 µg	Erbse (getrocknet) 70 µg	Bohne 280 µg	Hummer 130 µg	Goudakäse 95 µg	getr. Aprikosen 16 µg
Hagebutte 1800 µg	Weizenbrot 7 µg	Erbse (Schote/Samen) 70 µg	Hafer 210 µg	Thunfisch 130 µg	Weizenvollkornborot 49 µg	Birne 15 µg
Krebsfleisch 1570 µg	Banane 6 µg	Hafer 70 µg	Erbse 180 µg	Weizenkleie 110 µg	Weizenbrot 37 µg	Zwiebel 13 µg
Weizenkleie 1550 µg	Zwiebel 5 µg	Knoblauch 70 µg	Sorghum 170 µg	Steinpilz 100 µg	Kartoffel 33 µg	Rosenkohl 12 µg
Paranuß 1300 µg	Rettich 5 µg	Miesmuschel 56 µg	Bückling 170 µg	Paranuß 100 µg	Mais 32 µg	Haselnuß 12 µg
Haselnuß 1280 µg	Hummer 4 µg	Mais 55 µg	Erdnuß 160 µg	Sardine 85 µg	getr. Dattel 29 µg	Cashew-Nuß 10 µg
Emmentaler (45%) 1170 µg	Apfel 3,5 µg	Karpfen 53 µg	Wirsingkohl 160 µg	Eierteigwaren 65 µg	Roggen 25 µg	Apfel 10 µg
Walnuß 880 µg	Birne 2,5 µg	Roggenbrot 50 µg	Weizenvollkornbrot 130 µg	Scholle 65 µg	Zwiebel 15,50 µg	Walnuß 9,5 µg
Hirse 850 µg	Frauenmilch 0,5 µg	Trockenvollmilch 50 µg	Mandel 130 µg	Sojabohne 60 µg	Kopfsalat 14 µg	Tomate 9 µg
Roggenmehl 800 µg	Makrele 0,3 µg	Eierteigwaren 49 µg	Haselnuß 120 µg	Weizenvollkornbrot 55 µg	Haselnuß 14 µg	Bohne 8 µg